TIANDI RENXIN
BAOTOU BEILIANG PENGHUQU GAIZAO JISHI

天地人心

——包头北梁棚户区改造纪实

马宝山 王有喜 杜博峰 著

U0229969

内蒙古出版集团 内蒙古人民出版社

图书在版编目(CIP)数据

天地人心:包头北梁棚户区改造纪实/马宝山,王存喜,白峰著. – 呼和浩特:内蒙古人民出版社,2015.11

ISBN 978 – 7 – 204 – 13777 – 0

Ⅰ.①天… Ⅱ.①包… Ⅲ.①居住区 – 旧房改造 – 概况 – 包头市 Ⅳ.①TU984.12

中国版本图书馆 CIP 数据核字(2015)第 297027 号

天地人心:包头北梁棚户区改造纪实

作　者	马宝山　王存喜　白　峰	
责任编辑	王　瑶	
责任校对	董立群	
封面设计	李　琳	
责任监印	王丽燕	
出版发行	内蒙古人民出版社	
地　址	呼和浩特市新城区中山东路 8 号波士名人国际 B 座五楼	
网　址	http://www.nmgrmcbs.com	
印　刷	内蒙古北方印务有限责任公司	
开　本	710mm×1000mm　1/16	
印　张	15.5	
字　数	220 千	
版　次	2015 年 11 月第 1 版	
印　次	2016 年 1 月第 1 次印刷	
印　数	1 – 30000 册	
书　号	ISBN 978 – 7 – 204 – 13777 – 0/I · 2659	
定　价	30.00 元	

图书营销部联系电话:(0471)3946299　3946300
如发现印装质量问题,请与我社联系,联系电话:(0471)3946120　3946169

目 录 CONTENTS

引 子

2013年的早春二月，塞外包头春寒料峭，老城东河区北梁上，寒风裹着阵阵烟尘扫过一大片杂乱的老旧平房。梁下，狭窄的胡同里走来一群人，走在前面的一位首长模样的人面容和蔼，边走边向身边的人问询着什么，几分钟后他们来到三官庙棚户区的一户人家门前。

屋里，火炉上的蒸锅冒着热气，炕桌上摆着几碟小菜，56岁的老住户高俊平正准备着小年的饭菜。炕上，小孙子裹被而坐，对即将出锅的美味充满着期待。

"砰，砰砰！"敲门声响起："有人吗？"

门开了，看到站在门口的这个人，高俊平一下子愣住了！这，这不是李，李总理吗？！

"我可以进来吗？"李克强副总理笑着问。

"请进！请进！房子小，嘿嘿，总理，总理！"高俊平一边搓着手，一边将客人往屋里让。

"过小年了，我来看看你啊！"李克强副总理弯腰进了屋。

这是一间十几平方米的低矮小屋，火炕占去屋子的一半，地中央的火炉上架着土制暖气管，多来几个人便难以下脚，只得坐在炕上。

高俊平一家几代人一直在这儿住着。

坐在炕上,李克强副总理问:"家里收入怎么样?"

"我下岗了。老伴儿有退休金。"

"屋子还结实吗?"

"外面有一层薄水泥,里面是木头结构。冬天透风,夏天还漏雨。"

"看到你家这样我很不安呀!"

"住惯了哇。"高俊平答道。

拉着他的手,李克强副总理对着一屋子的人说:"我们一定要加快改造棚户区,加快包头北梁改造,让大家尽早搬进条件好的新房子。"

高俊平高兴地直点头,眼睛湿润了……

高俊平此刻激动的心情,真是难以用言语表述。他送走李克强副总理后就忙返回家拿起电话,他的手在颤抖,声音也在颤抖:"喂!老伴儿,你猜,你猜猜,谁来咱们家啦?"

老伴儿侯京萍在外面给人家打工擦玻璃,正忙着,就没好气地说:"谁来咱们的破房烂窑,瞎说甚了,没事儿别寡说了!"

"真的,咱家刚才来了大领导啦,李克强,国家副总理李克强啊!"

"你就灰说吧!"

老伴把手机挂掉了。

高俊平又给儿子打电话:"儿子,今天咱们家贵客临门了!李克强总理来看我们了,他刚走,还没出三官庙大街呢……"

儿子也没好气地说:"爸,你中午酒喝多了哇?还没醒哪。"

……

一通电话打完,高俊平盼望着家里人早点儿回来,想告诉他们,总理是怎样迈进他们这个家门,又怎样和自己面对面坐着聊天的。

在中央电视台《新闻联播》节目随后播出的画面中人们看到,高俊平的小孙子看见有人来了,立刻钻到了炕上的柜子里,从柜门缝中偷看爷爷和李克强副总理聊天,不一会儿又从柜子里溜出来迅速钻回到被窝。面对小孙子的举动，高俊平不好意思了："孩子小，淘气，这，这……"

李克强副总理和随行人员都哈哈大笑起来……

这一组真实感人的镜头，随着《新闻联播》节目传遍了北梁，传遍了包头的千家万户，也传遍了中国的亿万人家。

高俊平记住了这一天——2013年2月3日，农历腊月二十三，小年。

高俊平的小屋是他父亲留下的，儿子结婚时老高给小两口置办了一套东河城区50平方米的二手房，搬出去另住。老高夫妇俩留在北梁的这间15平方米的平房，带着小孙子一起住。屋子实在太小：一盘火炕，一张小床，既是客厅也是卧室，还是厨房。到了冬天再架个火炉子，在屋里转个身都挺难。

高俊平一会儿坐在刚刚李克强副总理坐过的炕沿上，一会儿又坐回到他刚才坐过的地方，来来回回折腾，回想刚才李克强副总理都和自己说了什么话。刚才李总理一进家门，他就懵了，现在总理走了，他还是有点儿懵。

高俊平向李克强副总理说出心底的话：几十年了，做梦都梦见搬进楼房里呀！

李克强副总理从高俊平家出来，随即在北梁福徵寺召开现场办公会，内蒙古自治区主要领导和包头、呼和浩特、赤峰、巴彦淖尔各市的主要负责人都在。李克强副总理说："我们要解决群众住房这个天大的事，把老百姓的'忧居'变成'宜居'。我们不能让城市这边高楼林立，那边棚户连片；这边霓虹闪烁，那边连基本的生活条件都不具备！"

他特别强调："要改善棚户区老百姓的居住条件，还得用改革的办法，要让改革的红利最终落在老百姓头上……"

李克强始终高度关注棚户区改造建设。在主政辽宁期间，他就大力推动辽宁老工业基地的棚改工程，共改造城市棚户区2910万平方米，被联合国人居署称赞为"世界奇迹"。出任国务院副总理后，他推动在全国范围内加大棚改工作力度，努力让1200万户约5000万民众的居住条件发生根本变化。

早在2011年3月21日，李克强副总理就曾走进北梁，对包头的棚改工作提出了明确要求。时隔近两年，他一直惦念着北梁。他了解到北梁已有1万多户居民已经搬进新居，稍感欣慰。寒风中，他登上转龙藏高坡俯瞰，一边是两年来已经改造的崭新建筑，一边是灰蒙蒙的被烟雾笼罩着的低矮老旧片区。

2013年3月15日，在十二届全国人大一次会议上，李克强当选为国务院总理。他在记者招待会上发声："城镇化不能靠摊大饼，还要注意防止城市病，不能一边高楼林立，一边棚户连片。""本届政府将再改造1000万户以上各类棚户区。这既是解决城市内部二元的结构问题，也是降低城镇化门槛的有力措施。"

今天，这样的变化就要发生在包头北梁这片有着三百年历史的土地上，高俊平一家的生活也将发生翻天覆地的变化！

北梁老百姓的楼房梦就要实现了。

在方圆13平方公里土地上，12.6万户像高俊平一样的北梁居民都将要开始新生活。

沧海桑田……

昔日北梁上富足人家旺盛的香火和高悬的灯笼被岁月的风雨吹蚀得无影无踪，曾经的商队那悠悠的驼铃声也湮没在历史的烟尘里，曾几何时的高大牌楼渐渐失却它昨天的容颜。今天低矮的房屋，狭窄的街巷，一个个烟雾弥漫的早晨与黄昏是北梁几十年独有的风景，成为北梁人自我调侃的口头语：大院院，小院院，里面套个圈圈圈；长巷巷，短巷巷，里面是个黑浪浪；土房房，泥墙墙，旁边盖个炭仓仓；没厨房，没茅房，推门看见一盘炕……

据统计，北梁居住着全包头市18%的失业者，20%的低保户。而在东河区，70%的失业人员和80%的低保人员生活在北梁。

北梁，是全国最大的集中连片棚户区，改变这里的生存环境是几届地方领导的夙愿，也是居住在北梁的12.6万人多年的梦想。

北梁，实在需要改造了！

改造北梁，迫在眉睫！

第一章

三百年风雨沧桑

有一个地方叫北梁

北梁在东河区北部，是老包头的一部分，已有近300年的历史。坡梁总面积13平方公里，居民4.7万户，人口12.6万。是内蒙古自治区乃至全国面积最大、最典型的集中连片城市棚户区之一。

北梁由五道黄土台地组成，即东营盘梁、西营盘梁、黄土梁、官井梁和四店梁，这五道梁犹如五条卧龙，昂首盘踞于大青山南坡。民间对此早有谚语道"五龙并行，大吉大福"。传说有位云游四方的高僧路过此地，见北梁上紫气东升、祥云缭绕，便对人说："此地状若金龟，颇有祥瑞之气，金龟镇守必是祥福之地啊。"

今天我们走进北梁的旧街老巷，随处可见那些曾经辉煌的门楼、门墩以及字迹漫漶不清的匾额石雕，随处可以感受到昔日北梁街市的繁华、巨贾商家的显赫。

博托河是北梁东坡下的一条河流。所谓"博托"有两个寓意：一说为蒙古语"包克图"的谐音，意为"有鹿的地方"；一说是蒙古语"巴特尔"，为"英雄"之意。两种说法流传多年，难分彼此，但均与包头地名的由来有关。

今天，我们站在博托河岸，看到的只是干涸的河床和河岸上稀疏的草木，风天一片黄沙弥漫，雨天满地污水泥浆，昔日博托河的潺潺清流已然消失多年了……

当我们拨开历史的重重迷雾，即刻便可看见蒙古大军战马的嘶鸣与弯刀清冽的寒光。

1532 年一个明媚的中午，一代天骄成吉思汗第十七世孙阿勒坦汗，率土默特部扎营在阴山敕勒川下，今天包头地域的大片草地平川，成为大军饲养战马、放牧牛羊的绝美草场。阿勒坦汗与三娘子几代人团结蒙汉民族，在土默特大地上创造了几百年和平生活的辉煌历史。

许多年之后，土默特部落的一支——巴氏家族，驻牧于今天的包头老北梁一带，过起草原牧歌式的生活。大约从清朝康、雍年间开始，山西、陕西等地浩浩荡荡的"走西口"人，过杀虎口，渡黄河，走大漠，进入内蒙古地界，其中有许多人来到北梁，租借巴氏家族的户口地，开始从事农业生产。

乾隆二年（1737 年），博托河两岸开始逐渐形成村落。巴氏家族由游牧转为定居，游牧生活与农耕生活"风搅雪"般地混杂在了一起。

这里有一组数据，从中可以粗略地了解包头人口的变迁情况：

乾隆五年，包头村人口为 350 人，户数 70 户；

乾隆五十年，包头村人口为 3500 人，户数 600 户；

道光十四年，人口为 10490 人，户数 1500 户；

同治九年，人口为 25000 人，户数 2800 户；

1949 年，包头的人口已经升至 68240 人，户数也上升至 16856 户。

不难看出，包头的人口、户数，在近两百年的时间里出现了几何级的增长。这种人口迅猛上升的态势与延续了几百年的晋陕移民潮是密不可分的，一个原本小小的"包头村"，随着晋陕移民的不断到来，发展成为中国西北的商埠重镇和皮毛集散地。

晋陕移民，这些后来被称为"走西口"的人，绝大多数是由山西移民组成，还有部分陕西人、河北人。他们当中既有精明的商人，也有各类小手工业者，还有扶老携幼举家北上，几乎是靠乞讨过活的流民。部分走西口人为了躲避战乱匪患，辗转来到现在的大后山①，躲进那些沟沟梁梁，成为地地道道的后山农民，而另一部分人则落脚于现在的北梁。

地理上北梁属于阴山山前台地，南临滔滔黄河，北倚延绵青山，是一处安居乐业的风水宝地。当年那些精明的商人，凭着自己的辛苦和聪慧，经过不懈的努力，产业不断扩大，在包头形成了以黑皮房为主要产业的皮毛行，一时在老包头流传着"皮毛一动百业兴"的说法。在老包头的"九行十六社"中，皮毛行可称得上是龙头老大，这完全有赖于包头独特的地理位置以及它几百年传承的游牧生活方式。驻足北梁台地，南可远眺隔着黄河相望的鄂尔多斯高原，东承京城首善之都，西接宁夏甘肃，北连蒙古草原。

早年的包头，车辚辚马萧萧，商贸的繁荣也带动了其他行业的兴盛，旅馆、戏院、酒楼、茶肆、妓院、赌场样样俱全，真是夜夜笙歌，纸醉金迷，一派边城商埠热闹喧腾的繁荣景象。

扁担上挑来的北梁

有人说，北梁是由走西口人肩上的扁担挑来的。

光绪年间，山西连年大旱，耕作颗粒无收，无数灾民携儿带女逃荒走上漫漫西口路。

一个十三岁的孩子，肩挑一担菜籽走在人群里，这个孩子已经磨烂了一双布鞋，那是他母亲在上路前用几个晚上做的，在过黄河时，孩子把鞋头面南，自己也面向南，给父母磕了头，给家乡磕了头，而后丢下鞋子，挑起担子，渡河而去。

这个少年叫牛邦良，他到包头后落脚的地方就在北梁。他用卖掉菜籽换来的铜板入行皮毛业，凭着自己的勤劳与智慧，一步一步走上生财之道，逐

---

① 后山，泛指大青山北面的村落。

步发展成为包头皮毛行业首屈一指的老大。

自嘉庆年间开始，包头逐渐发展成为我国西北皮毛集散重镇，众多"走西口"的晋陕移民到包头开皮毛作坊。"皮毛一活，百业俱兴"，加工皮毛的黑皮房相继出现在梁上。除了牛邦良开的牛皮房，还有孟皮房、丁皮房等作坊，到 1928 年的时候，包头黑皮房多达 37 家。

在老包头城北、城南，也就是今天的北梁南北的火神庙、龙王庙里就曾供奉着黑皮房的祖师。而且每年旧历七月要过"社日"，这是包头黑皮房"义和社"的老规矩了，搭戏台唱社戏，开集市供佛主，佛事商事一举两得，既隆重又热闹。社日的时候，各黑皮房掌柜伙计们都要穿戴齐整，形容端庄，一起到火神庙、龙王庙给祖师爷叩头鞠躬，感恩祈福。这一天是黑皮房人最神圣、最快乐、最红火的日子。

在黑皮房兴盛的年代，一车车、一驮驮生皮子从漠北草原运来包头，加工成鞋靴、鞍鞴、马具后，再一车车、一驮驮运往甘肃、宁夏、青海，向北则远销到蒙古、俄罗斯。

牧民穿的全云靴、三暴高腰靴、花皮靴、香牛皮鞋，王公贵族穿的合拉罕靴、景泰蓝马靴、大宫座靴，都绘制有莲花、牡丹、云朵等花样，实用而讲究。皮毛及相关制作业已然成为老包头的主导产业，延长了皮毛业链条，拉动了整个包头乃至西北地区经济的发展。

在民族手工业兴起的时候，农业生产也同时发展着，北梁上开始出现了村落——窑子。

老包头老北梁人至今仍记得这一对兄弟——刘宝、刘柱。

刘宝、刘柱兄弟是走西口的"雁行客"。所谓"雁行客"是指那些春来秋去的口里人。这是一些特殊的人群，他们春天来到塞外或开荒种地或做点小本生意，等到秋凉时节返回口里，寒来暑往为生计而南北奔波。

刘宝、刘柱兄弟二人挑着扁担来到包头北梁。他们一到梁上，立刻被眼前广袤而肥沃的土地所吸引，兄弟俩就在此落脚安家，一起在一处山头上开荒种地。起初没钱盖房子，只能找一处黄土崖掏一眼窑洞，按口里人的叫法就有了"窑子"这个称谓。"窑子"的称谓大都与居住人群的姓氏、职业联系在一起。这些地方就是走西口人最早的栖身之地。今天我们在北梁上下看到的银匠窑子、陈户窑子、先明窑子、鸡毛窑子等地名、村名就起源于那个年代。刘宝、刘柱的住地分别叫"刘宝窑子""刘柱窑子"，百年来的口耳相传，"刘"字衍变成了"留"。

"山村十里麦花香，世外桃源岂杳茫。闭户不知唐晋事，只听野老话麻桑。"这是曾任袁世凯幕僚后投奔军阀孙殿英麾下充当文牍的孙斌，在二十世纪三十年代写下的关于老包头北梁的诗句。诗中所描绘的景色，即是那个年代刘宝窑子的自然景观。由于留宝窑子靠近山前的北梁，地理环境十分优越，走西口的人不断在此落脚，逐渐形成了包头最早的村落。

直到今天留宝窑子、留柱窑子依然是北梁上声名依旧的两个村庄，村子里仍居住着一些刘姓人家。

先有复盛公，后有包头城

耳畔传来大门沉重的开启声……

几乎同时，包头、山西祁县两地的乔家大院沉重斑驳的铜钉大门"轰隆隆"打开了，它迫不及待地要为我们讲述大院主人和乔氏家族二百年兴盛衰败的故事。

乔家先人乔贵发，祖居祁县乔家堡，因父母双亡，他早年在大户人家做帮佣。乾隆初年（1736年）与一秦姓后生结为异姓兄弟，一同走西口，最初在萨拉齐厅合成当铺做伙计。稍有积蓄，便转到包头西脑包开草料铺，兼销豆腐、豆芽、面食及零星杂货。二人苦心经营，生意日见起色，但后来又一度亏本，几近歇业。乔贵发暂回原籍种地，秦氏留在包头，做小买卖度日。

乾隆二十年（1755年），口外粮食丰收，留在包头的秦姓兄弟趁粮价低时购存了一批黄豆，次年黄豆歉收，秦将黄豆出售，获利颇丰，便把乔贵发从原籍叫到包头来共同经营。乔秦二人把店铺移到东前街，开设货栈"广盛公"，当上了财东。到嘉庆时，广盛公生意十分红火，老秦和乔贵发以此为复兴基业起点，将广盛公改名为"复盛公"。乔贵发以大吉堂、在中堂、进修堂、德性堂名义，老秦以三余堂名义，在复盛公合股投资白银三万两，业务仍以经营粮油米面为主，后又兼营酒、成衣和钱铺，买卖日益兴隆。

乔家子弟大都恪守祖训：不准嫖赌，不准纳妾，不准酗酒。因此乔姓家业日渐兴旺。而秦姓子弟吃喝嫖赌，挥霍浪费，号内股份不断被抽出花光。秦家抽出之股均由乔家补进。

复盛公成为乔姓之商号后，生意越做越大，在包头街面增设了复盛全、复盛西商号和复盛菜园。后来又增设到十九个门面，统称"复字号"。雇有员工四五百人，是包头城开办最早、实力最为雄厚的商号，故包头才有了"先有复盛公，后有包头城"之说。

乔家依托复字号，开始向国内各大中商埠发展，先后在京、津、东北，乃至长江流域的许多城镇设立商号。光绪十年（1884 年）在平遥设大德通、大德恒票号。大德通票号最初资本六万两，中期增银十二万两，最后增至三十五万两。大德恒票号资本十万两。两个票号在全国各地有二十多个码头分号，西至兰州、西安，东南至南京、上海、杭州，北至张家口、归化、包头，东北至沈阳等地，均有乔氏商号。据徐珂《清稗类钞》载，乔氏共有资产四五百万两。实际远不止此数，清末乔家在全国各地有票号、钱庄、当铺、粮店等两百多处，流动资金 700 万—1000 万两以上，加上土地房产等不动产，资产已达数千万两之巨。

乔贵发共有三子，长子全德，次子全义，三子全美。全美生二子，长子致广早逝，次子致庸（1818—1907）是乔家一位出类拔萃的人物，他历经嘉庆、道光、咸丰、同治四个朝代，为乔氏家族的繁荣昌盛立下了大功。致庸先是想以"儒术荣门阀"，后又感到此乃舍本求末，于是决心继承祖业，在商界大展宏图。致庸治商有方，主张经商首重信，次重义，第三才是利。经商必须戒懒、戒骄、戒贪。在致庸的精心经营下，乔家"在中堂"的商业得到很大发展，业内人皆称致庸为"亮财主"。致庸生有六子，次子景仪所生子映霞的过继长子景岱，人皆称大少，乔氏"在中堂"后来由他主持。

映霞深受乃祖熏陶，事业心强，治家颇严。他不忍乔家基业在他手中败落，力图振兴，维护家族的繁盛发展。映霞订立了"一不准吸鸦片，二不准纳妾，三不准赌博，四不准冶游，五不准酗酒"等严厉家规并监督族人必须严格遵守。

几代乔氏家族礼教传承，勤俭持家，也慷慨解囊，捐资济世，造福一方。

光绪十七年（1891 年），包头大旱，次年先旱后涝，7、8 月又遇奇寒霜冻，庄稼颗粒无收。复盛公捐粮 1000 石赈灾。

民国 17 年、18 年（1928、1929 年）包头连年大旱，赤地千里，饿殍遍野，复字商号在包头带头捐资，共集资捐款 2344 元银圆，还在北梁转龙藏庙前搭粥棚救济饥民。

乔氏家族的衰败，是从清末满清政府设户部银行开始的。官府设银行后，乔氏票号业务多被官办银行夺走，公私存款大幅度减少，乔氏不得不把票号改组为钱庄。辛亥革命时期，随着清王朝的灭亡，原依附清王朝而兴旺的乔氏商业大受损失。1926 年冯玉祥部队向北撤退，饷粮皆由包头复字商号垫支，摊派极重。1937 年日寇侵占包头，乔氏复字号当铺、钱庄均被日伪组织强行没收倾吞。1944 年，日寇又将复盛公当、复盛全当、复盛西当合并为"兴亚当"包头分当，提走了乔家商号全部现金。

复盛公风风雨雨两百余年，清廷盘剥，军阀掠夺，日寇霸占，一次次迫使显赫百年的包头首富乔家走向了衰落。到 1945 年，复盛公倒闭，中华人民共和国成立前夕乔家已是奄奄一息……

乔家在包头的众多"复"字号商铺虽然先后倒闭了，成了历史故事与传说。但今天祁县的乔家老宅大院依然门庭洞开游人如织，人们倾听乔家二百年兴盛存亡的故事，在钦敬乔家"携爱同营""汇通天下"经商之道的同时，也深深领悟了"诚信礼义"的晋商文化。

乔家是中国商业、金融史上的一个伟大奇迹，这个奇迹肇始于老包头北梁上下，至今都留有它的余响……

粗瓷大碗的北梁

北梁成就过大把的富商巨贾，也养育了不少穷苦百姓。

北梁集中了老包头的"九行十六社"，这其中有开粮油行的"河路店"，卖烧麦的"四美园"，经营京式糕点的"复德和"，以及"和记毯子坊""和记毯厂"等，还有大量旅蒙商人、牲畜牙纪、养驼把式、钉鞋匠人和钉马掌铺、铁匠铺。在那个兵燹水患横行、旱灾瘟疫流行的年代，挣扎在社会最底层的劳苦大众的生计也愈发变得举步维艰。

笔者曾采访过一位在北梁生活了近六十年的"老北梁"，据他回忆，当年北梁上回民做的"油香"和干货最是有名，酥脆绵甜，分量也足，真正做到了童叟无欺。而入夜后挑担游走在街巷里卖"卤馥沙鸡"的吆喝声，不时地撩拨着各路食客的胃口。这"卤馥沙鸡"原料是用在阴山坡地捕到的野鸟——"沙半斤"，经老汤卤制而成的，味道醇香诱人，是当年包头城里游客夜宵佐酒的一道名吃。还有一种用胡萝卜熬成的麦芽糖，红褐色甜中带苦，此地话叫"圪搅搅"，一分钱可以搅两下。这些老包头的味道，不仅仅是留在舌尖上，还深深地镌刻在了北梁人的脑海里，成了几代人都难以忘怀的记忆。

北梁上的地方风味儿——爆肚和烧麦也是远近闻名的。羊肚氽熟后蘸麻酱韭菜花的佐料，咸淡适中，弹牙而不腻，颇受饮酒者的青睐。说到老包头的烧麦，那必须要说有名的饭馆"四美园"了，"四美园"的烧麦，羊肉大葱的馅料精到、皮薄馅大。一壶酽得发红的砖茶，浅斟慢饮间叫上一份或蒸或煎的烧麦，是老包头们的最爱。有的烧麦馆为了招揽生意，还长年养着个把食客，这些食客多半是些"小街名流"或是有点头脸的闲散人等，背地里人们管他们叫"诱子"。这些人在馆子里一坐就是半天，天南海北家长里短地胡侃一通，时不时地呼朋唤友为小店壮几分声色，这也是街边小店招揽生意的一种手段。

谈到"老北梁"当年的生活状况，他感慨颇多地告诉笔者：那时他自己没有什么本事，就靠在熟皮行里帮工，挣点儿钱来养家糊口，偶尔还能刮些残留在皮子上的油脂，回家后炼成"羊油坨"拿到市面上去卖，换点儿零花钱补贴家用。

这就是粗瓷大碗里的北梁，这就是含辛茹苦的走西口人，他们靠着不畏艰难忍辱负重的一股韧劲儿，在北梁扎下了深深的根脉。

而更多居住在北梁的是生活极端贫苦的穷人。旧时的北梁有个叫"讨吃窑"的地方，之所以叫"讨吃窑"，是因为住在这里的是一大帮乞丐。在矮矮的黄土檐下，凿出一眼土窑，一领草席权作门挡。入夜后，一簇簇磷火般闪动的火光明灭于凄冷的荒野，所以也有人把这里称之为"鬼窑"。这些以乞讨为生的流浪者是老包头最底层的人群，他们的生命如草芥，生如野鬼死若游魂。这里既是丐帮的集居地，也是客死异乡人棺椁的暂厝地。死人、活人共同生活在一条狭小的山沟沟里，是老包头北梁底层人生活的一处真实写照。

这些丐帮在当时还兼具着另一种社会功能，维持社会治安。笔者曾经在一张复盛公商号留下的旧账簿上看到这样的字样："出梁山看门钱二百文"。所谓"梁山"就是"死人沟"一带的山梁。官家让一群乞丐来维持社会秩序，钱却要商家掏腰包，其结果就可想而知了。这条由黄土梁组成的沟岙又叫"死人沟"，那些被处决的罪犯土匪和无家可归的流浪汉冻死饿死在街头后，就被抬到这里，一张烂草席一裹往沟里一扔，很快便招来成群的野狗与黑老鸹。卑贱的生命变成了一个个孤魂野鬼游荡在北梁上。直到中华人民共和国成立后"死人沟"才更名为"慈人沟"，贫苦百姓们也才彻底结束了往日那种生不如死、人不如鬼的悲惨凄凉的生活。

　　每一个社会阶层的人都有自己的生活方式，在同一片蓝天下同一片土地上，穷人也好，富人也罢，他们以各自不同的方式生存生活着。如果说老包头的乔家大院、杨家大院、王家大院、何家大院的主人们是淘金者的话，那么，那些生活在底层的千万个普通劳动者，行走在老包头大街小巷里的游民，居住在黄土窑里的流浪汉，他们也是北梁人群的一部分，甚至可以说，他们，才是北梁真正的主人。

多教和谐并存的北梁

　　凡是有人群的地方就有神灵。

　　神是由人造出来的，人们造出神，再去敬奉神，膜拜神。

　　我们走进今天的北梁，随处可见的寺院、庙宇、祠堂依然香火缭绕、人头攒动。在这些庄严肃穆、香烟袅袅的建筑里都供奉着不同的神灵。

　　位于北梁上的福徵寺，是一座始建于清康熙年间的藏传格鲁派佛教寺院，蒙古名字叫布特苏木，意为包头召。正因为有了这样一座寺庙，北梁的这一大片区域便被当地人习惯地称作召梁。福徵寺是由巴氏家族修建的家庙，早年间，巴氏蒙古人在此礼佛拜谒，曾经也是香火旺盛、梵音袅袅。每到有重大佛事活动的时候，各路僧人、信徒云集于此，人声鼎沸，煞是热闹。

　　特别应该指出的是，福徵寺还是一座红色寺庙。当年，巴氏蒙古人积极支持包头及内蒙古地区的革命斗争，他们利用寺庙的有利条件，掩护和帮助革命者躲避敌人的搜捕，为内蒙古乃至中国革命的胜利做出了不朽的贡献。

　　可以说，遍布包头的各处寺院，是走西口人的精神栖息地，也是一代代走西口人灵魂的安居之所。以吕祖庙（妙法寺）为例，既供奉吕祖，也有释迦佛、弥勒佛、阎罗以及各路神仙。这种现象正好迎合了老包头各个阶层各种人的心理需求，也恰好说明了那个时期，移民潮带来的多元宗教文化现象。

除了像妙法寺这样规模较大的庙宇之外，还有马王庙、龙王庙、关帝庙之类的民间杂祀，也星罗棋布于包头的大街小巷。而有一座庙宇是必须要提到的，那就是足以见证包头商业发展史的庙宇——财神庙。此庙建于清嘉庆年间，据《建立财神庙碑记》云："此地洞水萦绕于前，曲阜环列于后，虽无崇山峻岭，茂林修竹，而幽闲其状，包罗万象，地理之所，谓财喜藏。"还有记载说，山西阳高大儒郎千里路过此地，路遇一位江湖相士，他用极其精妙的语言，描述了北梁地区的一处景色，后来被勒石入碑，于是，便有了上面《碑记》中所记述的这一番话。

深受启发的郎千里四方筹措资金，建起了现在的财神庙。此后才形成了以财神庙为中心的商业繁华地带，被老包头人称作"九江口"。财神庙地区也是名伶荟萃社戏连台的地方，举凡各类庙会社火活动，各路名角便汇聚于此，可谓是你方唱罢我登台。所表演的戏剧当然是以走西口的山西人喜欢的山西梆子为主，也有二人台打坐腔这样具有包头本地特色的地方剧种。当时名满包头的晋剧名角筱桂桃，著名二人台名角樊六就是在那个时候唱红包头的。

与北梁隔水相望的博托河东岸耸立的山崖，是一处名为"转龙藏"的松柏常绿、古木蓊郁的风水宝地——龙泉寺。"龙泉寺"牌匾高悬于庙门上方，门前大树参天，山下泉水叮咚，淙淙水声、阵阵松涛伴着清脆的风铃，声声在耳。该寺始建于清雍正四年（1726 年），是由土默特部阿乌万曲木大喇嘛修建的一座小庙。道光二十九年（1849 年），由包头镇公行出面，集资白银四千两重修。有正殿五间和东西配殿，庙门西侧有一座钟亭，造型古朴的月牙窗棂十分精妙。钟亭下的山崖间有一处巧构——一脉汩汩流淌的清流由三只石雕龙头喷射而出，其水似龙鳞闪闪发光，为博托河两岸的百姓带来了福祉，故当地老百姓亦将龙泉寺称作转龙藏。

转龙藏的三只龙头泉水常年喷涌不止，清澈甘甜，四季不竭，附近居民常到这里汲水。长年累月，凡喝着转龙藏的水，姑娘们个个面如桃花娇美动人，小伙子个个健壮俊美。因此，当地人把转龙藏的山泉视若神泉甘露。

自乾隆年间始，大批回族同胞相继在包头北梁、南海子等地安家落户。"安拉不仅创造了世界，而且不停歇地驾驭着世界。"伊斯兰教义中明确表明：世界上发生的一切事情，都是真主预先安排好的。在宗教信仰的感召之下，回族同胞在北梁与其他民族的同胞比邻而居，逐渐形成了具有北梁地域特色的回民聚居区。乾隆八年（1743年）清真大寺在北梁落成，于是，回族同胞纷纷居住在清真大寺的周围。随着回族人口的不断增加，礼拜场所的需求也变得尤为重要。20世纪初又分别在瓦窑沟、榆树沟建成了清真北寺和清真西寺。如今，北梁一带的回族居民已达三千余户近万人。

基督教在包头地区进行传教活动是从清同治初年（1862年）英籍传教士戴迪生来到沙尔沁村开始的。光绪八年（1882年），瑞典牧师鄂必格也到该村传教。同年，瑞典籍传教士高理生开始在包头城内传教。1904年瑞典籍牧师阎德生来到包头，此人精通汉语并熟知中国的礼数，待人谦恭和善，颇受信徒的尊崇和爱戴。他曾经在北梁置地办学传道授业，是包头基督教的开拓者之一。1912年比利时传教士司怀智派人到包头传教，1919年在王国秀巷建成了圣母圣心舍心堂。1934年在官井梁建成了天主教堂，这是一座在包头地区规模和影响都比较大的教堂，能够在规模上与之比肩的，当属位于包头东河区圪料街的基督教堂了，这座二层西洋建筑，在当时可容纳几百名基督徒听课做礼拜。

每一个教派尊崇的神灵不同，教义自然也不同。当今世界各种宗教、教派冲突不断，甚至有的发展为恐怖袭击和局部战争。然而北梁地区各种教派和谐并存已经有近三百年的历史了，从未发生过教派之间的纷争。这种多教并存相互尊重的格局，当然还会延续下去。现在，这些宗教场所都受到各族群众的自觉维护，对于包头这座古老而又年轻的城市而言，是难能可贵的。

今天，随着北梁大规模拆迁改造的开始，政府在新北梁建设规划中已有对文化遗迹、宗教场所保护性建设的明确态度和完整的思路。

马升建成了包头城

巴氏家族和走西口的晋陕人一起在北梁建起包头村。云中镇台（清代总兵别称）马升则把包头村扩展成为最早的城镇。

马升，字级三，四川太平县（今万源市）官渡乡玛瑙溪人，生于1827年，卒于1889年。初到塞外的他，身负重任。清同治元年（1862年），陕、甘、宁等西北地区的回民纷纷起义，同治四年（1865年）冬，马化龙率领的回民军迫近包头，袭击包头西20里地的韩庆坝村，把总卢某被杀，包头社会一时风声鹤唳，人心惶惶。而大同总兵马升就是在这样严峻的形势下来到包头镇驻防的。至光绪六年（1880年）马升离开包头，马总兵在包头驻防时间长达十五年。这十五年间，他筑城垣守城池，为黎民保平安，他的故事在百姓中广为流传，"身没声名在，多应万宣传"。

在包头镇驻防之时，为了加强防御，马升于同治九年（1870年）协同当时的包头巡检崔际平，共同督修包头城垣。所筑城垣全部为土筑，高1丈5尺，基宽2丈，顶宽1丈。辟有东、西、南、东北、西北五座城门，城垣周长14华里，城内面积不足3平方公里。城外还开挖了深3尺的护城壕沟，城墙四角筑有的土墩"高与城齐，顶上纵横各三尺，面积九方尺"。

虽然不甚雄伟，但包头镇从此开始拥有了像模像样的城池，军事防御能力显著增强，即使在后来匪患猖獗的时候，城中商户和居民的安全因为有了城垣而得以保障，未曾遭受太大的损失。

在修筑包头城垣的同时，马升还在城内西门大街兴建了称为西阁的阁楼，东西穿开门洞，阁顶垂檐斗拱，内塑观音菩萨和韦陀神像，取护佑黎民之义。西阁之上，还悬挂一把大铁戟，长约2丈，重200余斤，戟上刻有"记名简放提督军门镇守山西大同等处地方统辖雁门三关总镇都督府冠勇巴图鲁马"等字样，民间传说是杨六郎的兵器，实际上是为表彰马升功绩而铸造的纪念物，载尖对西，以示镇西之意。

老包头的地势北高南低，一到雨季，就有暴发山洪的危险。马升主持在北梁上修筑了东西瓦窑沟和东西水栅，在城内修筑了四个退水口，作为导引山洪下泄的排水通道。在建城之初，还在城东北预留了一个水口，引入城外的水源，作为城内部分街区的生产生活用水，这便是包头城最早的水利系统了。

据说，马升谙熟堪舆之术，在修造包头城垣时，他亲自骑马相度地形，让随从循其路径筑城，于是一蹴而就。往事如烟，马升当年所筑的城垣，今天早已荡然无存，唯有妙法禅寺（吕祖庙）日益兴旺的香火，亘古不变地在梁上缭绕……

据传，妙法寺的吕祖殿和大雄宝殿也是马升集资督兵兴建的，妙法禅寺的牌匾即为马升所题。

吕祖庙的梵音暮鼓依然清悦，圣母圣心舍心堂的钟声依旧悠扬。然而南方革命风暴正风起云涌，塞外青山仿佛已经听到那来自南国的隐隐雷鸣……

阵阵雷声中，包头迈入了二十世纪初。

辛亥志士血染北梁

辛亥革命风起云涌，全国各地仁人志士积极响应。同样，塞外包头的青年一代也勇敢地投入到革命的洪流之中。

郭鸿霖、王鸿文、王定圻就是包头最早的"辛亥志士"。

1903 年 5 月，包头成立了第一所官办马王庙二等学堂（今胜利路小学），郭鸿霖任学堂长。学堂也成为包头同盟会会员的活动场所，他们经常在师生中宣传孙中山的治国思想和政治主张，包头及周边地区的人们开始接触到新兴的民主革命思潮。

1911 年 10 月 10 日，武昌起义爆发，郭鸿霖相约谢树棠、王官赢等人准备起义，终因山西义军在娘子关受挫，包头新军起义告吹。郭鸿霖又四处奔走，劝说五原厅同知樊恩庆和东胜厅通判谢锡庆响应革命，迎接张琳义军入城。然而难以预料的是，一场阴谋却在光天化日下展开！12月24日，樊恩庆和包头镇巡检周雍熙等人"设宴"招待张琳等都督和郭鸿霖等革命党人。一场血雨腥风的鸿门宴拉开了序幕。各位都督和郭鸿霖怀着满腔热情早早在宴会厅等候，当樊恩庆的轿子刚一落地，随着一声"樊大老爷驾到"的高喊，清军冲进大厅，疯狂射击，六位都督当场牺牲。机智勇敢的郭鸿霖在乱枪中飞奔而出，跑至吕祖庙的灵柩大宝（寄存棺木之地）躲避，第二天仍被清军逮捕。

1911年12月25日，郭鸿霖在自己家门口被执行了死刑，郭鸿霖不屈的头颅被悬挂在了牛桥街的旗杆上，牺牲时年仅27岁。为此，孙中山先生曾有诗曰："塞上秋风悲战马，神州落日泣哀鸿。几时痛饮黄龙酒，横揽江流一奠公。"

王鸿文不久也在萨拉齐西辕门外被捕遇害。

此次起义活动参加者共有40余人被镇压，包头地区的辛亥革命义举失败。此次事件史称"马号巷事件"。

王定圻，1887年出生在北梁留宝窑子村，在马王庙学堂学习，深受郭鸿霖等革命党人的影响。他先后在归绥中学堂、山西优级师范学堂学习，并加入同盟会。辛亥革命爆发，王定圻与杨云阶、云亨返回包头参加武装起义。"马号巷事件"爆发时，他在太原做联络工作，幸免于难。

民国政府成立，王定圻当选为国会众议员，积极参加讨袁的"二次革命"。1914年，王定圻返回归绥，大力宣传民主共和，揭露封建专制，他的革命活动被敌人发现，不久与李正乐、卜兆瑞等人一同被捕。王定圻在狱中坚贞不屈，痛斥敌人："你们说我犯了罪，对，我犯的是保卫民主共和的罪，我犯的是反对叛国的罪。"1916年1月9日，反动法庭以"勾结乱党，图谋不轨"的所谓罪行将其杀害，年仅 29 岁。

王定圻被国民政府追认为辛亥革命烈士，国民政府在北梁上的留宝窑子村王定圻家宅门楣上悬挂"青霞奇志"大匾，后再为烈士修墓立碑，碑铭："烈哉男儿成仁尽义，巍乎志士虽死犹生"！

辛亥革命是二十世纪在中国发生的第一次历史性的巨变，反帝反封建的民主革命思想从此扎根于塞北。

福徵寺，包头的红色记忆

每当走进福徵寺大门，我们感受到的不仅是佛光荧荧，佛音萦纡，更强烈感受到的是进步思想的光辉和激情飞扬的革命气息。

福徵寺是一座革命的寺院。

福徵寺的日月充满了"红色记忆"。

在历史上，福徵寺不仅是一个宗教活动和蒙汉代表聚会协商问题的地方，而且还是国内革命战争时期，中国共产党在包头地区传递消息、隐蔽转移、秘密活动的重要场所。

有一首写福徵寺的诗曰："家园往岁雨如鞭，志士披荆为月圆。土默川前播火种，福徵寺内扭乾坤。"准确说明了福徵寺在中国革命道路上的独特地位。

1921 年中国共产党成立后，中共北方区领导人李大钊、邓中夏开始在北平蒙藏学校的蒙古族青年学生中发展党员。1924 年下半年起，在蒙藏学校学习的多松年、李裕智、孟纯、奎璧、云泽（乌兰夫）、吉雅泰等人先后加入中国共产党。1925 年初，中共北方区委在内蒙古设立四个工作委员会（以下简称"工委"），吉雅泰任绥远工委书记，李裕智任包头工委书记，开始在绥远和包头从事革命活动。

李裕智为内蒙古地区早期共产主义者之一，曾在包头组织 1921 年的中学生砸毁日资电灯公司和 1923 年的抵制日货运动。1925 年春，受中央北方区派遣，到包头后迅速在福徵寺成立了"包头工委"，随即组织发动了石拐煤矿工人千人大罢工。

王若飞、乌兰夫、刘仁、多松年、奎璧、吉雅泰、李森、贾力更、高凤英等许多蒙古族、汉族革命者均曾在此留下足迹；乌兰夫、吉雅泰等一批中共党员转移到共产国际所在地苏联时，福徵寺即是中转站。

"包头工委"在福徵寺东跨院，它对内是中共在包头进行革命斗争的指挥部，对外则悬挂"国民党乌兰察布盟特别区党部"的牌子。工委书记李裕智、委员王瑞甫同志曾居住在东跨院平房内。李裕智在明德照相馆为青年积极分子讲解马克思主义和三民主义。京绥铁路总工会秘书王仲在福徵寺讲演，揭露帝国主义勾结军阀吴佩孚的罪行。包头工委以北梁福徵寺为中心，东向土默川，西向河套，南向伊克昭盟等周围邻近地区拓展工作，向进步人士讲解马克思主义，宣传十月革命的成功经验，宣讲中国共产党的纲领，培养发展青年农民骨干。

福徵寺是巴氏家族的家庙，共产党人在这里从事活动的时候，也影响着巴氏家族的一代青年人，熏陶和带领他们一个个走上了革命道路。

巴文峻，早年在天津上学时就参加五四运动，被军警关押 38 天，经周恩来亲自营救脱险。1926 年留法勤工俭学，经周恩来介绍加入旅欧中国社会主义青年团，曾经掩护周恩来转移，还为周恩来从事革命活动筹款。

巴维钊，大革命失败后，以福徵寺和阿都沁村老家为交通站，掩护中共人员。1934 年中共绥远特委自包头转移到阿都沁村后，因掩护经蒙古人民共和国赴苏联向共产国际汇报工作的中共人员而暴露身份，被马鸿逵部抓捕，牺牲时 29 岁。

巴增华，在北平蒙藏学校学习时，结识不少革命人士，毕业后返回包头，任福徵寺土默特第五小学校长。1933 年秋，刘仁等人在包头组建中共绥远特委，巴增华建议将特委机关设在他家后院（东门大街 12 号），刘仁即在该院居住。1939 年，他护送胞妹巴增秀赴延安。

巴增秀，1941 年加入中国共产党，同年 6 月受组织派遣到大青山抗日前线，化名李彤，在中共武川县政府任建设科科员兼做文化和民族工作。此时正值大青山抗日根据地最艰苦的岁月，她和战友想尽办法，从平川运回盐、碱、煤油、火柴、麻纸等生活必需品；动员群众给八路军战士做军鞋；为伤病员休养提供粮食和住宿。1942 年春，日寇对我大青山抗日根据地实行大扫荡，她带领乡亲们在转移途中，不幸跌落山涧牺牲……

福徽寺所在的召梁下，复成元巷甲 26 号，是当年王若飞同志在包头从事革命活动及被捕的地方。

1931 年 7 月共产国际派王若飞回国，担任中共西北工委特派员，与军事部长吉合等开辟陕、甘、宁一带的武装斗争。10 月，王若飞与吉合来到包头，住在复成元巷的泰安客栈（现王若飞纪念馆），吉合同志暂住中行街绥西宾馆（旧新华书店西侧），并与在这里坚持斗争的乌兰夫、李森和三德胜同志接上了关系。

因为泰安客栈是一处商贾来往比较频繁的交易场所，王若飞便以商人身份作掩护，装扮成一个买大烟的富商，乌兰夫则装成贩烟的商人，两人以做生意为掩护，发动蒙汉各族人民开展武装斗争。

同年 11 月 21 日，乌兰夫同志去泰安客栈与王若飞同志接头。当乌兰夫把用麻纸写的《工作报告》《党的地下组织情况》和《告全旗蒙民书》送交给王若飞时，王若飞说刚才在街上碰见一个人好像认识他，一个劲儿地盯着他。乌兰夫提议赶快转移，但王若飞说："不要紧，明天就走了。"最后他决定第二天早晨到西滩老道巷乌兰夫的住处和李森一道启程。然而，就在乌兰夫离开泰安客栈的这天晚上，王若飞不幸被捕。

第二天早晨，乌兰夫还不知道王若飞已经被捕，仍按约定的时间去泰安客栈接王若飞一同启程。乌兰夫跨入客栈小二门，刚走到院内，一个手提水壶的茶房迎面出来，问乌兰夫来干什么？乌兰夫说找个姓黄的买点货。"找姓黄的？昨天晚上就被抓走了。"乌兰夫一愣，刚巧这时屋里的电话铃响了，茶房赶忙去接电话，乌兰夫趁机飞速跑出了客栈。茶房在后面边追边喊："抓共产党!"乌兰夫凭着对街道的熟悉和自己的身高腿长，穿街巷翻院墙，甩掉了"尾巴"，一口气跑回住处——西滩老道巷，忙召唤屋内的李森同志快走。路上，乌兰夫把王若飞被捕的消息告诉了李森，两人又火速分头通知了其他同志。第二天，李森护送乌兰夫乘火车到了美岱召，李森又乘火车返回召梁打听王若飞的下落。

王若飞在狱中同敌人展开了面对面的斗争，揭露敌人的罪行，宣扬中国共产党的主张。他大义凛然，怒斥群敌，时刻准备从容就义。硬的不行来软的，敌人百般逼诱，但无济于事，一无所获，又怕王若飞久留包头会出问题，不久就把他押往归绥"第一模范监狱"。王若飞落难后不久就被押往归绥"第一模范监狱"，后被党中央营救出狱。

王若飞在包头的革命活动虽然只有一个多月的时间，却给包头留下了一份宝贵的精神财富。今天的"泰安客栈"——王若飞纪念馆，已经成为内蒙古自治区重点文物保护单位。

包头抗战

1937年"卢沟桥事变"，日寇在占领北平、天津后，以日伪军共三十万兵力沿平绥线西进，10月15日进占萨拉齐。

日寇一进包头就选中既是制高点又水源充沛的北梁，他们在东营盘（原包头二十中）建设兵营，在留宝窑子修筑碉堡和蓄水池，在陈户窑子村后山上开建仓库和暗堡。

1939年12月，国民党傅作义部根据当时的抗战形势，组织发动了包头抗战。攻城部队由傅作义兼军长的35军下辖的101师、31师、新32师以及直属骑兵团、炮兵团，还有骑兵第 6 军所辖骑 7 师，五原、临河警备旅及宁夏 35 师和骑兵旅等组成。

爱国将领傅作义采用长途奇袭和攻城打援的战术进攻包头。1939 年 12 月 19 日夜，拉开了包头抗战的序幕。

攻城部队接到命令，迅速攻克了西北城门，与敌人短兵相接进行巷战。主攻部队直捣敌指挥中枢司令部，敌人阵脚大乱。我军则分隔敌人，片片围歼。至天明，大部敌军退至日军司令部大院，凭借其火力优势拼死顽抗。20 日至 21 日，由固阳、安北增援的日军赶到。傅作义部凭借有利地形予以阻击，并将援敌包围，歼敌大部。同时，俘虏伪蒙军近 300 人。21 日下午，张家口、大同、归绥等地的大批日伪军陆续赶到，与傅作义部在黄草洼一带展开激战。

21 日晚，傅作义看到奔袭包头、牵制华北日军南下的作战目的已经达到，开始战略撤退。敌人以飞机、坦克、大炮轰炸扫射，傅作义部损失惨重。24 日，傅作义部主力退至中滩，日军追兵亦撤回，包头战役结束。

包头战役，傅作义部击毙日军骑兵第 14 联队联队长小林一男大佐和众多日伪军，俘伪团长 1 名及伪军数百名，击毁敌汽车百余辆，缴获武器弹药甚多，有力牵制了日军战略行动，取得了重大战果。

贺龙战包头

1945 年 8 月，抗战胜利。国民党却公然违背人民意志，指令已宣布投降的日伪军继续守卫占领城市，拒绝向我八路军缴械投降。在美帝国主义的指使和直接援助下，又将其军队用飞机、军舰迅速运至前线，企图抢夺抗战胜利果实。

1945 年 8 月 25 日，中共中央发表对目前时局的宣言，申明我党坚持和平民主的主张，提出了团结建国的方针。8 月 28 日，毛泽东主席又亲赴重庆与国民党政府谈判，达成了《双十协定》。

蒋介石集团其实是假和平真内战。1945年，在绥远西部的国民党十二战区调集主力部队和收编的伪绥西联军王英部、伪蒙古军李守信部共6万余人进占包头、归绥（呼和浩特）、武川、陶林（察右中旗）、丰镇、兴和等地，进逼解放不久的张家口。黑云压城，形势严峻。

此时攻打包头是毛主席的英明决策。

1945年10月16日，毛主席亲自起草了《平绥战役关系我党在北方的地位及争取全国和平局面》的电文，明确指示要发动平绥战役，收复失地。

10月22日，毛主席再次电令晋察冀军区并晋绥野战军："如傅（作义）部固守归绥，则先将包头、五原、固阳占领，使傅部绝粮突围，然后歼灭之。"

11月14日，毛主席代表中央军委起草《夺取归绥方案》，制定了"归绥久围不下，我军应以一部监视归绥，以主力迅即西进，攻占包头、五原、临河……最后夺取归绥"的作战方略。

根据毛主席和中央军委的命令，晋绥野战军司令员贺龙、副司令员周士弟、张宗逊和晋察冀军区司令员聂荣臻各率所部，兵分三路，会合卓资山，相继占领旗下营、白塔，完成了对归绥的包围。随后，晋绥野战军和绥蒙军区部队占领萨拉齐，贺龙在大青山沙尔沁召设指挥所指挥战斗。

面对国民党军顽强固守，我野战军迅速占据了包头城外的井坪、东河村、邓家营子、南海子后，旋即夺下北梁高地转龙藏。经过三天三夜的激战，完成了对包头的包围，给城内的敌人以强大的震慑。

龟缩在包头城内的国民党军，将除南门以外的其他四个城门全部用装满沙土的麻袋封堵，并用水浇泼。数九寒天，滴水成冰。麻袋冻成坚固的冰墙，就连土筑的城垣也因浇水冻成了冰坨。攻城初战，因敌我兵力悬殊而进攻受挫，野战军不得已退出城外。贺龙遂将指挥部从沙尔沁迁至石拐沟，相机而动，准备再战。

12月2日，第二次攻城在西北门开战。攻城的激战打了整整一夜，整个城市在战火中战栗。国民党通令：夺回西北门官升一级，赏洋1000元，大烟200两；攻下天主堂，赏洋500元，大烟100两，并由200人组成了敢死队。此战我军攻城不下，作战略撤退。

第一次攻城我军伤亡907人，歼敌1200人，俘敌250人；第二次攻城我军伤亡164人，敌人死伤250人，俘敌15人。整个平绥战役歼敌12000人，收复了绥东、绥南广大地区，缓解了国民党对张家口地区的威胁。

1948年，解放军第二次进攻包头，华北野战军三兵团五旅从大青山居高临下展开攻势，六旅从东门助攻，两个旅形成合围，敌人感到行将被歼，还没听见我军的冲锋号声就弃城而逃，解放军占领了包头。

此时，任人民解放军联防军区司令的贺龙特意来包头北梁察看三年前的战场。他在登上西北门城垣时说道："三年前的冬天，敌人在城墙上浇上水，夜间是冰，白天是泥，要是有现在的大炮，一下子就轰开了，可那时候就靠步枪手榴弹，这道土城墙还真不好攻啊！"当贺龙走下城门时，城门洞上子弹头、炮弹片落下的斑痕还依稀可见。他又来到西北门内看到一段开阔地，里面长满了枯草，中间还有许多壕沟，这种地形无法迅速冲过去，必须翻沟越埂，而敌人借此就得到发挥强大火力的时机。贺龙不禁感叹道："要是提前看看地形，不就冲上去了吗？"

如今，昔日的那些城垣壕沟早已不见了踪影，但那些为解放包头而献身的烈士们的英魂仍在，烈士的鲜血洒遍包头城垣。

青山埋忠骨，浩气永长存！

包头一直是重要的战略重镇，又是交通要冲，在三年解放战争时期，敌我双方争来夺去。城内情况也是十分复杂，除驻扎大量国民党军队外，还混杂着各类反动党团组织、特务警察、帮会、黑社会等，社会秩序混乱不堪，民不聊生，人民求解放盼和平的愿望非常强烈。

1949年3月，毛主席在中共七届二中全会上提出用"绥远方式"和平解决绥远问题的方针。在这个方针的指引下，在傅作义先生的斡旋鼓动下，原国民党西北军政长官兼绥远省政府主席董其武，第 9 兵团司令官孙兰峰，顺应历史潮流，率领绥远全体军政人员 4 万余人，于 1949 年 9 月 19 日在包头市东河区北梁下的中行大院内通电全国，宣布光荣起义，包头人民终于迎来了解放！

在包头解放的日子里，梁上梁下的老百姓都在唱：

> 圪梁上哨枚圪梁下听，
>
> 包头人欢迎大军是真情。
>
> 圪梁上锣鼓圪梁下鸣，
>
> 北梁上红旗一杆杆红！

衰落的北梁，要涅槃重生

北梁上一杆杆迎接解放的红旗，眨眼间变成了社会主义建设的一杆杆大旗。

1957 年夏天，建设包钢的号角在塞外大地吹响，来自全国各地的建设者，走进轰轰烈烈的包钢建设工地。这些建设者行列中不乏当年走西口的后人，他们把自己人生中最美好的时光奉献给了这片土地，奉献给了以鹿命名的城市，奉献给了耸立在昆都仑河畔，蜚声华夏大地的包钢，奉献给了共和国又一座新型城市——草原钢城。

在包头轰轰烈烈的大建设、大发展时期，北梁人悄然发现，自己已经赶不上时代飞速发展的步伐，被远远甩在了后面。

随着包钢建设需要，包头的机械制造、电力、化工、纺织等产业和配套中小企业迅速发展起来，现代工业的隆隆轰鸣把北梁上小作坊的"叮当叮当"声完全淹没了。

北梁小手工业、小作坊在经济和生活发展中动力匮乏，再加上长期推行土地无偿使用，致使北梁土地被民居、单位占用，造成原有的内在活力萎缩，商业功能衰退。原来以特色商贸、物流、仓储、餐饮、娱乐等构成的北梁商业及文化气氛等诸多城市功能渐渐消失。

北梁被现代工业大潮甩在了后面。

自二十世纪五十年代起，随着包头大工业建设的迅速发展，城市中心逐渐从老城区东河西迁到昆都仑区和青山区。作为老城区的东河北梁渐渐被忽略了，古老的北梁在人们的视线里逐渐暗淡了。

北梁有过许多欢笑，也有许多辛酸悲苦的眼泪。

北梁背山面河，地势北高南低，一到雨季，常有山洪暴发。

据资料记载，光绪三十年（1904 年）包头暴雨成灾，大水冲毁了大批民房，位于梁下的财神庙街变成了水街。当时负有盛名的"同祥魁""永合成"商号，也在水灾中损失惨重，人员财产损失不计其数，这就是历史上有名的"水刮西包头"。

曾有二人台艺人唱道："冯铁锁放悲声，救起一个人我赏二两银。"这个叫冯铁锁的，是一家大商号的老板，当初也是一副扁担挑着两个儿子，走西口来到包头的。包头发大水时，冯铁锁让商铺里的所有人都上街救人，这才有了上面二人台的唱词，后来冯铁锁也被人们尊称为"冯大善人"。

1970 年的一个午后，一场大雨带来了一场凶猛的洪水。整个西脑包大街平地三尺水，平时狭小逼仄的街道，霎时间变成了水乡泽国，许多年久失修的房屋淹没在水中，随时有倒塌的危险。时任包头市主要领导的墨志清亲临现场指挥救灾工作，并当场拍板决定：拿出旧城改造极其有限的资金，在西脑包大街盖简易楼房，解决居民的安居问题。事情虽然过去四十多年了，老东河的人们说起当年这件事，都会情不自禁地竖起大拇指。

1996 年 5 月 3 日 11 时 32 分，包头突发 6.4 级强烈地震。此次地震是1976 年唐山地震后，首次发生在百万人口城市的地震，人员伤亡虽然不多，但经济损失很严重。震中距包头市区仅十多公里。一天内共发生余震254次。地震中死亡26人，失踪5人，受伤364人，其中重伤60人。房屋破坏面积近2000万平方米，其中毁坏近43万平方米，灾区人口210万人，造成直接经济损失四十多亿元。

北梁上旧房子、土房子多，这次地震也对北梁造成了极大的破坏，倒塌、毁坏、破损的房子无数。破败贫困的北梁更加破烂不堪、摇摇欲坠了，北梁人欲哭无泪，只能单门独户一家家自己苦苦支撑。

北梁的破败老旧似乎也远近有名了，2006年，北京一家影视公司要拍摄一部反映二十世纪七八十年代北方某小城几位年轻人友谊与爱情的故事片，导演组走遍全国找不到影片里要出现的那个落后破败的小城市，当导演顾长卫看到包头北梁破败样子的照片后，竟激动地跳起来："真合适，就在这儿拍啦！"

于是故事片《立春》的片头里出现了破败、低矮、烟雾弥漫、破烂不堪的"某北方小城市"。北梁如此尴尬的形象出现在故事片中，真不知包头人看了之后会做何感想？！

这些由伤痛的记忆累积的北梁，是包头人的一块心病啊！

北梁衰老了，老旧危房成堆，人口不断增多，私搭乱建现象十分严重，居住条件极差，市政基础设施几乎等于零。北梁，这个曾经引领包头政治经济文化的根脉之地，变成了城市建设和发展中的一个巨大的包袱和累赘！

北梁衰落到今天这种样子，原因是多方面的。

许多人并不清楚，二十世纪八十年代以前的北梁是个什么模样。

八十年代是北梁发生根本性变化的分水岭。八十年代中期以前，北梁可谓"路是路巷是巷，院是院房是房"，大户人家几辈子攒下的院子房子产业家业自不必说，就是那些小户人家的日子过得也是安逸滋润的。那时的北梁与棚户区的概念没有任何关联。北梁的变化可以说是整个东河区变化的一个缩影。那个时候，包头市的机关单位与地方工业企业大都在东河，产业门类众多，商业活动和文化消费也十分活跃。但随着经济体制改革的不断推进，市场经济的逐步开放，外力内因的双重压迫，为包钢等大型国企配套服务的地方企业渐渐失去了活力与竞争力，下岗失业使得地方产业大军开始消散，加之包头新城区的快速发展，从工业、商业到服务业，老包头老东河老北梁开始了衰落，连机关单位也纷纷迁到了新区。九十年代开始的地方国企改革，企业转制，买断工龄，使得地方企业集中的东河区巴彦塔拉大街成了人人都挂在嘴边儿的"倒塌一条街"！许多产业工人不得不在街边摆个小摊儿卖货度日，小规模的商品批发零售也曾活跃了几年，也终究没能稳定维持下去。支柱产业没了，人群散了，地方财政也愈加困难，做为曾经产业发达、百业兴旺的老城区东河失去了发展后续力，开始边缘化了。

北梁上的地方企业也遇到同样的问题，企业职工不是下岗，就是买断工龄，家庭收入日见窘迫。但时间无情，孩子大了要结婚要住房，新房买不起，咋办？只能在自家房子旁接盖临时住所，一处处院子里的自建房便越来越多，地面也越来越拥挤了。加之随着流动人口的增加，民工潮的不断涌入，北梁开始与棚户区产生了交集，岁月流转，就成了今天这个样子。这就是北梁日渐沦为棚户区的演变过程。

其实，早在二十个世纪八十年代初，几任市领导就已经把北梁改造列为议事日程，但限于当时的历史条件等多方面因素的制约，北梁改造的计划几次被迫搁浅。

北梁要改造，要涅槃重生，是北梁人的期盼，更是压在包头历任领导肩上一副沉重的担子。

如今的包头被誉为花园城市、森林城市，连续多年被评为全国文明城市，是世界闻名的稀土之都，竟然还有12.6万人生活在环境极其恶劣的老旧棚户区。

北梁的破败，到了必须拆迁改造的历史关口了！

北梁必须涅槃重生！

第二章

北梁的春天

腊月，正月

2013 年 2 月 4 日，农历腊月二十四。

天干冷干冷的，凛冽的西北风将北梁昨夜的烟花荡尽。白亮亮的太阳悬在天上，没有丝毫的暖意。街上的人渐渐多起来，摩肩接踵的人流让寒冷的街面有了些热气。

街口上雨后春笋般地冒出了一个个鞭炮摊子，花花绿绿、各式各样的鞭炮码放得整齐有致。卖对联的将一副副对联挂在架子上、铺在地上，红彤彤、金闪闪吸引着人们的目光。卖碗筷、杯子的，恨不得把家里的那点儿货都铺排在路边……若是你细细品味，会从这些鲜亮的颜色中、洋溢的笑容中、讨价还价的声音中嗅到那越来越浓郁的年味。

高俊平还沉浸在李克强总理昨天在他家跟他说话的氛围中，孙子蛋蛋撅着小屁股在立柜里不知折腾什么。就是这个小家伙昨天在总理进家时抢了镜头，他光着屁股从这个柜子中溜出，又钻回到被窝的顽皮劲儿被摄像师收入镜头。新闻播出后，蛋蛋的名字被"光屁股小孩"代替，一夜之间在媒体上传遍了大江南北。

过年了，也该采办些年货了，家虽然破旧、憋屈，但过年了孩子们都要回来团聚。照理说，这个家还是原来的那个家，这个年和以往的年也没什么不同，但高俊平总有一种异样的感觉，好像这浓浓的年味中还夹杂着一些说不清的东西。昨天李克强总理来他家后，现在他还兴奋着，时间不仅没有稀释掉这种兴奋，反而更浓了。

给小孙子穿戴整齐，又找出一个装米的袋子，老高准备到摊儿上买点儿肉回来自己烧卤。更主要的是，他是想出门，想听听邻居们的议论。刚刚还吵着要出门的小孙子，这会儿在地上鼓捣着他的玩具汽车，高俊平喊了几声，他都不搭理。就吓唬他说："你走不走？不走，昨天来的李爷爷不给咱家分楼房了！"小孙子一愣，忙跟着他出了门。

刚一出门儿，就有邻居凑了上来——

"老高，这下你可成了名人了哇？"

"老高，你家祖坟上冒青烟了！"

"总理来了，这回咱们北梁的拆迁可有指望了。"

"总算有盼头了，不用再烟熏火燎了！"

"总理，每天多少事情呀！能来咱们这烂地方，真的是咱们北梁老百姓的福分啊！"

……

东河区党政大楼内却没有半点年味儿。524 会议室里，区委常委、副区长王旭亮眉头紧锁，副区长张斌似在沉思，与会的人员你一言我一语讨论着北梁改造。

摆在他们面前的是这样一组数据：整个北梁共有 13 平方公里土地，4.7万户人家，人均住宅面积不足 15 平方米，95% 以上的道路狭窄弯曲坑洼不平，环卫、供水、排污等基础设施严重滞后，供热、供气等公用设施几乎没有，泄洪通道不畅，没有消防设施和通道。

整整一上午，王旭亮厚厚的笔记本记了半本。张斌无意中瞟了一眼他的本子，看到本子上的有些地方加了标记，那些加标记的地方和他记在本子上的内容大概一致。

中午一点多，一个大的轮廓基本形成。趁着别人吃饭的工夫，王旭亮、张斌两个人盯在办公室主任张雨的电脑前，将刚才的会议记录逐条整理。

下午两点，会议继续进行，每个人手上都有了一份中午才整理出来的材料。讨论、修改，接着修改、讨论。夜幕缓缓降临，当会议室内的人都散尽的时候，王旭亮和张斌再一次坐到了张雨的电脑前。

夜已经深了，办公室内的打印机嚓嚓地响着……

2月6日、7日，东河区委召开党政联席会议，传达李克强同志视察北梁棚户区的讲话精神，召开《包头市东河区北梁棚户区改造建设实施方案》《包头市北梁控规与城市设计》和《包头市北梁棚户区改造建设实施方案》专家论证征求意见会。

2月8日，东河区政府有关领导到自治区住建厅汇报初步形成的《包头市北梁棚户区改造建设实施方案》。

车在路上，事在心里。王旭亮一连几天没有休息好，一脸的倦容，紧锁的眉头，开车的司机也不敢和他搭话。王区长脑海中不时浮现出方案中的主要内容："政府主导、市场运作、金融支持、滚动发展"的运作模式。资金的筹措上采取"财政出一些、银行贷一些、企业垫一些、居民拿一些、社会捐一些、上级支持一些"的设想。这六个"一些"看起来不容易，做起来就更难了。经过包头市财政、国土、金融、房管等单位工作人员的精确测算，北梁棚改总投资需 219.1 亿元：其中征收补偿金需 42.3 亿元，安置房回购、建设资金需 108.5 亿元，基础设施建设资金需 42.9 亿元，建设期利息 25.4 亿元。

2月11日，正月初二，高俊平家冷清了些，天天伴在身边的小孙子一大早穿上新衣服高高兴兴出门了，人家要回姥姥家过年。初二是出嫁的女儿回门的日子，是有闺女人家的年。街上摊位前的年货换成了各色食品、饮料、牛奶礼品盒，琳琅满目地摆在马路牙子上。

然而却有一群人无暇享受这过年的欢乐。

同是这天，东河区政府听取清华大学规划设计院关于《包头市北梁控规与城市设计》编制思路汇报和《包头市北梁棚户区搬迁改造建设实施方案》建议。

2月14日，正月初五。

初五在民间也叫破五，北梁的老人讲，大年初一到初五不能动扫帚，动了好运气就没了，只有等到初五这天才能将家里积攒下的垃圾扫出去。扫过之后，放几声响炮，这连扫带轰，所有穷气穷鬼就都给赶跑了。

高俊平在年前转了好几处鞭炮摊子，才买到几个合意的大二踢脚，他早早地把这几个二踢脚放在了炕头，焙得干干的，拿在手里都能嗅到火药味。

天快大亮时，他将小院子扫得干干净净，点燃一支烟，在院子中央支好一个二踢脚，点燃。二踢脚的第一声有些沉闷，但第二声却清脆响亮，让人听得心里舒坦痛快。

在阵阵鞭炮声中，东河区委、区政府领导史文煜、王旭亮、张斌的车驶出了市区，清晰的爆竹声随着车轮的转动，渐渐模糊了，年就这样被甩在了身后。他们急着到自治区住建厅汇报北梁棚户区搬迁改造有关工作。

朝阳升起，红彤彤的，透过车挡风玻璃，将这三个人的脸也映得红彤彤的。

2月17日上午，包头市委召开《北梁棚户区改造安置方案》讨论会。

一周后，包头市委办公厅、市政府办公厅印发《关于成立包头市北梁棚户区搬迁改造领导小组的通知》。领导小组下设办公室、规划设计组、工程建设组、融资工作组、监督检查组和现场指挥部。现场指挥部下设综合协调组、调查摸底组、征收安置组、施工管理组、监察审计组、信访维稳组和舆论宣传组。

北梁棚改政府主导的工作特色，开始初露端倪。

从自治区到包头市以及东河区，各部门单位的相关工作，都在紧张有序地铺开。他们知道在他们肩上，北梁棚改这副担子的真正分量和压力！

开发商的无奈与政府的窘境

回看北梁棚户区改造的历史，你会发现这里的棚改并不算晚。2004 年，辽宁在全国率先启动大规模的棚户区改造，全国棚改启动则始于 2008 年。而北梁的搬迁改造在 2003 年就已经开始。

从 2003 年到 2013 年的十年时间，北梁总共完成改造面积 1 平方公里，安置住户 1.02 万户 2.86 万人，剩余的待改造区域内涉及房屋总面积 338.45 万平方米，有 3.55 万户、8 万人需要安置。

十年只完成了不足百分之十的搬迁改造面积，为什么会如此之"慢"呢？

若是你细细琢磨，这个"慢"又是那样的无奈。那时的搬迁改造是以商业开发为主，作为开发商，是以盈利为前提的，而北梁的低收入群体实在是庞大无比，仅仅靠几家开发商想要拉动北梁改造这驾马车，也实属力不能及。东河区登记在册的失业人员达到 1.18 万人，其中 70% 以上的人居住在北梁；低保人员 3.01 万人，占全市总数近 50%，其中 40% 以上集中在北梁。十年的搬迁改造走走停停、进程缓慢，似乎就可以理解了。

面对北梁窘迫无奈的现状，如何进行彻底的改造，成了压在包头人心头一块重重的石头。改，简单的一个字，说起来容易，做起来就太艰难了。

2004 年，东河区引进了上海龙藏置业有限责任公司，摸索着开始北梁改造。这是一家具备相当实力又有经验的公司，在进驻包头之前，他们已经顺利完成了上海、海南、成都、贵州等多地的城区改造项目。

龙藏置业总经理承勇，虽然是一位身经百战的企业家，却也没料到在北梁拆迁中自己会深陷泥潭！原以为用个三两年左右时间就可以搞定，可是做梦都没想到，整整五年，他都没能动得了。

承勇无奈地对我们说："我们公司拆迁的是吕祖庙那段街区，总共有 2644 户人家，起先的拆迁虽说也是有难度，但工作基本能有序推进。可到了后来，阻力越来越大，尤其是到了 2010 年下半年，还有 125 户居民的工作怎么都做不通，他们的工作做不通，大量的楼盘就开不了。

那时的我就像被架在火上，要多难受有多难受！真的，几乎整宿睡不着觉。换位思考，我也能理解这里的居民，他们有些人家确实穷，可作为公司我们也要盈利呀，起码不能赔钱做吧？我们当时的压力非常大，进，拆不动；退，前期投入的五千万就会血本无归。不仅如此，当时社会上还有传闻，说我们龙藏公司'跑了''不作为'什么的，那些传闻对我们企业的声誉也造成了很大的影响。"

龙藏公司骑虎难下，承勇夜不能寐。已经被拆迁掉房子准备就地回迁的 2000 多户居民心里的怨气在漫长等待的日子里酝酿发酵膨胀，眼巴巴地等了一年又一年，回迁就是没有着落！原来的家虽说破旧，但毕竟还有自己的一片天地，如今无限期地漂流在外，又听到不少关于拆迁的负面传闻，心里更是没着没落。等不及了，没招了，自然要找政府，于是由拆迁又升级为不停的闹事、上访。

矛盾由开发商与拆迁户激化到拆迁户与政府的层面……

2010 年 10 月，刚刚到任的东河区委书记许文生就赶上北梁拆迁改造最困难的时期，群众上访、追讨债务等一大堆棘手的问题摆在他面前。许文生详细了解了龙藏公司的情况后，两次约见公司领导，商量如何解决项目的收尾工作和存在的困难。

承勇看到面前的许文生竟然是如此率直，实事求是不遮不掩地将区财政困难的情况坦诚相告，并承诺尽地方政府所能全力帮助龙藏公司共同推进项目。直到今天他都清楚地记得那天的情形以及许书记说过的话："我们政府欠你四千多万，我认账。如果让你们投资商在北梁旧城改造中做了这么多好事又亏了本走，那我们以后还怎么招商？我们先要把老百姓的问题解决了。我不会让你的公司就这样走了，你不是没挣上钱么，我再给你一个好项目，让你挣了钱再走！"这些话后来还写进了双方的协议里。

许文生还说："如何安置好眼前北梁 2600 多户拆迁居民是必须面对的问题。对于我们来说，如何减少困难群体，提高老百姓的收入，改善他们的生活条件，是政府义不容辞的责任，也是人民群众最关心、最直接、最现实的利益。如何解决这一难题，是对干部的考验，是对区委、区政府几大班子和整个团队的考验，是党在人民群众中形象的再检验。"

这番话，犹如茫茫夜色中的一缕曙光，重新点燃了龙藏公司的投资热情，也点燃了漂流在外多年的 2000 多户北梁居民的希望。

大妈，你别哭

2008 年，吕祖庙社区居民徐素贞住了几十年的旧平房被拆了。拆房那天，徐素贞和老伴特意回来看看，老两口眼瞅着自己生活了几十年的老房子在片刻间便化为一片瓦砾。灰尘弥漫中，徐素贞的眼睛湿润了，这是她和老伴风雨同舟、苦心经营了几十年的旧居。房子比他们还要老，她和老伴这些年就像缝补旧衣裳一样，东抹几把泥，西添几块瓦，勉强维持着这个遮风挡雨的栖身之处。对老屋的感情是真实的，但他们还是渴望住进上厕所不用出门，冬天不用烧火取暖的楼房。

老伴转过身抹了一把脸说："走哇，这破房子有甚看头，咱们以后住的楼房宽敞亮堂着呢！"老伴的身体不太好，每年冬天买煤成了他的一块心病。花钱雇人往家里倒腾吧，他舍不得钱，让子女回来帮着弄吧，他又不愿给子女们添麻烦。这下好了，搬到新房后总算不用为这事费心思了。

老两口就这样又是伤感又是憧憬，最后颤巍巍地走了。他们以为很快就能住上新房子，可没想到，这一等竟是三年半！

2010 年春节，东河区委慰问徐素贞。开始，徐素贞老人什么都不说，许文生拉家常似的问话拉近了与老人的距离，也慢慢打开了老人的话匣子，她把这三年多的苦水一股脑儿倒了出来："租房子难啊，想租个条件好点儿的，手头不宽裕，差一点的，我们老两口还不方便，又便宜又合适的房子哪那么好找。老头子不想离子女太远，这就越发难了。

"头一年，我们搬进新租的房子半年多，人家房东说孩子要娶媳妇，让我们腾房子。正赶上腊月天，我跟人家好说歹说，说过了年就搬，可人家说甚也不同意，还说，想住就要加点钱。老头子听着听着就火了，跟房东吵了起来，结果我们老两口硬是在腊月二十三搬了家！

"你知道我们这几年搬了多少回家吗？说了你们可能都不会相信，整整是五次呀。最后一次搬家后，老头子病倒了。他跟我说，老伴儿呀，真对不起你，这么多年了，你跟着我受了这么多的委屈。你说呀，这老也老了，房子叫人家拆了，弄得连个家都没了！我听着心里这个难受呀，眼泪就含在眼眶里，还不敢哭，我怕他看了更难受。就安慰他说，快了，快了，听说新房快盖起来了。

"他呀，就是个短命鬼，硬是没等到搬新家的那一天！"

许文生的鼻子发酸，深深感到对不起这些老人、这些搬迁户。让人家搬出旧居，新居一拖再拖，几年都等不上。四处租借房子，花冤枉钱，还得看别人的脸，这难道不是我们工作的失误吗？我们总说人民是我们的父母，有这么对待自己父母的吗？许文生很是内疚地对徐素贞老人说："大妈，你别哭！我一定想办法给你解决房子。"

话是说出去了，可是怎么解决却着实让许文生陷入了思考。因为徐素贞的问题不是一个人的问题，她只是2664户无法回迁的群众当中的一个，在这些人当中，肯定还有比徐素贞更难、更可怜的人家呢！这样一个庞大的群体流落在外，是我们政府欠老百姓的债啊！这笔债要还，还必须尽快地还！

不久，许文生听说在黄土渠生活了几十年的郭温是远近有名的困难户，两个儿子身体都不好，大儿媳还得了重病。许文生立刻让工作人员准备米面油，末了还加了一句：再准备点新鲜蔬菜。看到工作人员有些迟疑，许文生说："这寒冬腊月的，青菜这么贵，他们哪舍得吃！"

郭温是个老实巴交的工人，平日里见到"官儿"话都不敢说，可见到许文生后，他却说起来没完："我不是'钉子户'，我也不是不想搬，你说说，给我们那点补偿够干甚呢？我们一家七口人，在这个院子里挤擦着还能对付着住，搬到楼房，可咋住呢？我们也难呀！"

"有困难能说出来就好，咱们共同想办法，能帮着您解决的就解决，暂时解决不了的，咱们再想办法。我就不相信这世上还有解决不了的问题。"

为了能够彻底解决郭温的问题，许文生先后四次来到他的家。郭温跟他的邻居老赵唠叨："他们跟我说，那个戴眼镜姓许的，是个大官。头两回，我根本就不信，他不像个当官的，他说出的话，就和咱们说的一样，是掏心窝子的，真是不敢相信！他每次来都给我们家带东西，不光是米面油，还有青椒、茄子、西红柿。你说人家那么大的官心还这么细，只听说老百姓给当官的送东西，可许书记却给我们家送。就凭这些个，他说的那些话我信！"

"谁不想住大房子，那天许书记给我指着那片房子说，看，就是那片房子，马上就盖好了，大爷你可要好好保重身体呀，只有身体好了，才能享受到呀。"

上任以来，许文生经常在贫困户家、拆迁工地、棚改工作人员中间奔波，倾听群众的呼声，查看楼盘建设情况，苦苦寻求解决问题的办法。在调查研究的基础上，他提出"先安置后拆迁，先规划后建设"的设想，即先建设四个占地一千亩的保障性住宅小区，用以安置整个棚户区改造过程中四处飘零的居民；解决群众安置的同时，也要兼顾到与投资方的长远合作。

承勇说："许书记曾经不止一次地跟我讲，我们必须首先保证群众的利益，先把老百姓的问题解决了，你们的利益才能实现，政府不会让你们赔本赚吆喝的。我们公司在上海、成都这些大中城市都有开发项目，也都会遇到不少困难，但像许书记这样既对老百姓负责，又为开发商考虑，工作平衡到位的领导真不多见。他为我们解决了最大的困难，让我们的项目看到了希望。"

为了尽快破解北梁拆迁的难题，许文生组织成立了由四大班子主要领导为组长的动迁小组，由县级领导带队亲自上门一家一家做"钉子户"的动迁说服工作；同时，加大拆迁补偿力度，他说服龙藏公司：多给困难百姓一些经济补偿永远不是亏本买卖。不管是城区改造，还是投资商开发，在许书记看来，"实现利益的最大化就是让群众满意"。

由此，北梁棚改的"死结"慢慢打开，拆迁的困局逐步破解。许文生的换位思考使北梁棚改找到了新的突破口。投资公司的心安定了，一起使劲儿想办法解决群众的安置问题。拆迁居民的情绪稳定了，积极配合拆迁工作。到 2011 年底，东河区在财政极度紧张的情况下安置拆迁户 2219 户，其余 445户在 2012 年底全部安置完了！

许文生实在是太累了，他找财政，跑工地，访拆迁户，与开发商联络协调，没白天没黑夜地工作，常常劳累得在车里就睡着了。有一次，司机夜里送他回家，到了家门口见许书记睡着了，不忍心叫醒他，一直等着他睡醒。他忽然迷迷糊糊地问："咱们这是在哪儿啊？"

司机告诉他说："到您家门口了。看您睡着了，没敢叫醒您。"

许文生看看表，已经是凌晨一多点钟了。他对司机说："让你等了一个多小时，对不起。"说着拖着疲惫的身子走下车去。

不久，许文生在外出考察项目中染病，因公殉职。

许文生倒下了，他生前没能看到的是，仅仅过去了一年，他曾经辛勤工作过的地方已经拉开了大规模拆迁改造的序幕。

序幕，在春天拉开

塞外的春天总是那么让人难以琢磨，昨天还是狂风大作，今天也许就是风和日丽。3 月 1 日，是中小学生开学的日子，三官庙社区内的先明窑子小学仿佛从沉睡中醒来，孩子们有提着扫帚簸箕清扫卫生的，有追逐打闹的，有拿着新书本进出校门的。偶尔，有几个小脑袋聚在一起，很快又忽地一下散开了。

校园里的欢笑声压住了靠近东墙边沙枣树上麻雀的叽叽喳喳声，它们眨着小眼睛瞧瞧这边看看那边，忽地飞到了更高的枝头，但纤细的树梢很难承受如此多的麻雀，便一点点弯下来，犹如秋天里缀满果实的枝条。弯到极致时，麻雀们又"呼啦"一声飞到了另外的枝条，猛然失去压力的枝条"啪"地弹回来，颤悠悠地将春天黏稠的气息搅活了……

校园外的社区里好些头发花白的老人手里都拿着一张纸，一些刚刚走出校门的孩子们便被认识他们的老人们招呼到跟前，稚嫩的声音穿过人群飘荡在春风里——《致北梁棚户区广大居民的一封信》：

北梁棚户区的广大居民，大家好。住房是重要的民生问题，安居乐业是老百姓的迫切期盼。受历史条件制约，大家多年居住在北梁区域，行路难，吃水难，如厕难，防火难，垃圾和雨涝等问题突出，成为典型城市棚户区……

孩子朗读课文似地念着信，旁边总夹杂着这样、那样的打岔：

"甚叫个民生？"

"甚是棚户区？"

"如厕是甚意思了？"

那些专心的听众不耐烦地嚷：不要打岔、不要打岔，让娃娃念完。说这话的人可能一转身就忘记了自己说过的话，也会问这问那。

棚户区改造是一项民生工程，我们将以改善北梁居民的居住条件为目的，按照先建设后安置，先安置后拆除的实施步骤，统一依据国家地方有关房屋征收补偿政策，坚决做到阳光操作、公开透明、按政策评估，并在条件相对良好的区域新建安置房……我们将于 2013 年 3 月初开始对北梁棚户区的整体情况进行摸底调查……

"甚叫安置？"

"你甚也不懂，安置就是给你房子。"

"甚？给房子，给我多大的房子，我们家的人可多了。"

"别吵吵了，看看后面说的什么。"

　　广大居民们，为了我们的孩子能在舒适的家里长大成人，为了我们的父母能在温暖的房屋安度晚年，真诚希望大家充分理解和支持，积极参与北梁的搬迁安置工作，请伸出您的手，伸出我们的手，让我们千万只手握起来，为我们住房条件的改善，生活水平的提高而共同努力！

"嗨，看！街道办事处的人过来了，快让他们讲一讲……"

"人家在你们家都给你讲过了，你还没听懂？"

"噫，人老了，又没文化，哪能全听明白呢。"居民们说着话甩开了放学的孩子，又把街道办事处的工作人员围在了中间……

这封《致北梁棚户区广大居民的一封信》，拉开了北梁棚改的大幕——

2013 年 3 月 5 日，包头市开始在全市范围内调兵遣将，从市区两级机关单位抽调 2167 人，组成了 94 个摸底调查组开始工作。调查摸底涉及回民、财神庙、铁西、西脑包、河东 5 个街道的 15 个社区和河东镇 9 个行政村，共计 37738 户。

紧接着下发了《北梁棚户区搬迁改造调查摸底人员工作职责》和《北梁棚户区搬迁改造工作的五条禁令》。这两个文件的下发非常及时，不仅规范了拆迁干部的工作行为，也避免了在工作中可能出现的失误和偏差。

摸底调查不仅仅是要精确地摸清楚 13 平方公里北梁的居住户数、人数、房屋产权、实际居住情况、居民安置意愿等 11 类 37 条基本情况，为进一步完善《包头市北梁棚户区改造建设实施方案》中征收补偿条款做依据，更主要的是，想摸清楚北梁居民的真实想法与诉求。

什么叫民生工程？认真倾听拆迁户的呼声，满足老百姓的合理要求，让他们高高兴兴地喜迁新居，由忧居变安居，就是民生工程，就是惠民工程。

北梁老百姓在想啥

红星大坡在东河区很有名，它是紧贴着红星西河槽东侧的一条南北通道，大坡很陡也很长，年轻人骑着自行车向上走，最多能骑到坡的半中央，只能下车再推着上坡。从这个坡一直往上，走过聋哑学校宿舍楼后回望，那一片片低矮杂乱的平房就展现在眼前。

站在这儿向下俯瞰与在转龙藏上远望就是两种感觉了！少了气势磅礴的寂寥与苍茫，触手可及的都是乱七八糟地堆在一起的屋顶、院落、巷子，看上去灰暗而破烂不堪。一到夏天，各种难闻的混杂气味便会扑鼻而来。

这一大片区域内，有公汽宿舍、火葬场宿舍、市二建宿舍、农机宿舍、螺丝厂宿舍、无线电厂宿舍、牛奶站宿舍、盐站宿舍、土产宿舍、搬运宿舍、五七办宿舍、环西宿舍等一大堆老旧企业的宿舍，光听"宿舍"这字眼儿你就能想到它的老旧不堪了吧！

68岁的马补存的房子属于螺丝厂宿舍，1973年就住进来了，老屋有30平方米。他说："这个四十多年的老房子早就是危房了，正房的北墙根已经下沉，我用木头勉强支撑着。最愁的是平时出门，红星大坡东面的房子比柏油路面低，所以巷子里的路就是陡坡。对我这个岁数的人来说，每天想出巷子就得爬坡。遇到雨雪天，就不敢有出去的念头了。本来就穷，要是滑倒，再把自己摔着，自己遭罪不说，还给儿女添累。我都快七十岁了，这房子要再晚拆几年，我还能住上新楼房？"

西河槽18号的闻建平和栗明强夫妇都是残疾人，一家三口挤在一间12平方米的小屋里，没有院子，出门就是马路。闻建平是小儿麻痹后遗症，下肢萎缩，行动全凭坐在小马扎上扶着墙移动身体。他靠给别人钉鞋、修拉锁赚点儿钱过活。因为身体的毛病，根本上不了外边的厕所，大小便都得在家里，妻子栗明强身高仅一米二多，还要每天艰难地出入数次给丈夫端屎倒尿。

　　坐在马扎上的闻建平说："我们这个老屋是倒三角形，越到里面越窄，炕也是个三角形，特别不好住。不好住也没办法，你看看我们俩口子这情况，平时都要靠政府的低保贴补勉强维持，哪敢想住什么楼房呀！"

　　河东街道办事处滨一社区居民刘红宇家的老房子也是二十来个平方米，又小又矮，荒芜在一片杂草丛中，而且已经下沉了二十多厘米。因为很久没有人住，里面非常杂乱，昏暗潮湿。刘红宇指着下沉的房子说："这房子没有上下水，吃水得从外面提回来，倒脏水得从家里提出去。房子下面就是一条下水管道，早就裂了，所以房子下沉得特别厉害。你看，以前房子的地面跟外面是一样高的。就是因为条件差、危险，我们一家没办法才到外面租房子住了。孩子再有三两年也要上小学了，没有自己的房子，心里能踏实吗？拆吧，快拆吧！"

　　96岁的侯永钟老人身体硬朗、头脑清晰，他回忆："我十三岁那年从山西杀虎口来到包头，做过皮毛生意，给日本人送过报纸，被傅作义的部队抓去当兵打仗。后来逃回包头，一直在北梁住着，都六十一年了！我对这地方有感情呢，可这地方住着实在是太不方便了，你们看看这烂房房，你要是手懒点，用不了几年就塌了。从去年开始，我们这个院里的所有居民家就停了水，吃水都要到附近去提。要是年轻也好说，提就提吧，可我这个岁数了，哪还提得动呢！李克强总理两次来包头我都知道，他是要改造北梁，要拆掉这些破房子给我们盖楼房。该拆了，早就该拆了！"

　　郝二俊一家四口人也住在北梁，除了夫妻俩和孩子外，还有82岁的婆婆王玉兰和他们生活在一起。一个36平方米的小屋隔成了两间，进门就是一盘炕加灶台，屋里只能放下一个五六十年代的矮柜，一个方桌。郝二俊说："我们俩口子都没有固定工作，我丈夫马俊生在外面打些零工，本来就穷，我们的第一个孩子还是先天性肝病，从六岁发现患病到十五岁去世，看病花的钱几乎让我们倾家荡产。后来，我们又要了个孩子，刚两岁。你们问我想不想住楼房，我不敢想呀！"

"早就盼着拆迁了！"71岁的韩嘉瑶老人站在狭窄的院子里说："住在北梁有'三怕'：一怕下大雨淹了自家的小窝，二怕冬天结冰路难走，三怕上厕所。"

这些人家只是北梁棚户区各类普通家庭的一个缩影。

拆吧，真的该拆了！

下面一组镜头，是内蒙古电视台采访一户居民时的所问所答，这户居民的房屋只有四十多平方米。采访当时，居民的家人都在场。

记者："大爷，这北梁要拆了，您准备要多大的房子呀？"

老头儿瞧瞧老伴儿说："这个我说了不算，你得问我们家老太太。"

记者："大娘，那你说说，准备要多大的房子？"

老太太说："我要两套90平方米的房子。"说完她看到旁边人诧异的眼神，又补充道："两套房子，我和老伴儿住一套，儿子住一套！"

老头儿见老太太没了下文，着急忙慌插话道："还有甚？"

老太太忙说："噢，还要一套底店！"

老头儿又说："还有甚？"

陪同采访的调查组工作人员小吴瞪大了眼睛："还要？……"

老太太斜了他一眼，说："你只管记，我说甚你记甚！"

"噢，您说，您说。"小吴一脸的无奈。

老太太说："还想要……一个车库！"

……

如此这般的对答，小吴很是苦恼，照这样，他们之前做的工作又都归零了。其实，在电视台采访这户居民之前，小吴已经把《关于入户调查中向居民说明的几个问题》的条款给拆迁户们解释得很明白了。

这位大爷曾经问过，他的这户房子能调换一个多大面积的房子。小吴说如果选择产权调换，须要按照"征一还一"的原则进行。这位大娘随口问：

"甚叫'征一还一'?"小吴说:"你们家现在住多大的房子,就能换一个相同面积的楼房,不用花一分钱。"这位大娘当时就说:"要是想要大一点的行不行?"小吴说:"行啊,但超出的面积需要自己花钱买。"

其实每一位调查组成员在调查摸底测绘的过程中都在给居民们讲解着同样类似的问题。

与这位大爷、大娘想法一样的北梁居民有很多。而此时北梁街头巷尾的各类说法也在疯传着:什么北梁改造不缺钱,李总理带着财政部长和建设部长给北梁带来了六百个亿;什么全国各地都在征拆,包头的政策最紧,老百姓受益最少;什么新安置区就是选择偏远地区,老百姓被瞒骗的可能性很大……这些流言造成摸底调查阶段,有些居民要求的征还比例最高达到1:7,而对异地搬迁安置的政策,反对率达竟到83.7%。

另外,北梁居民的心中还存在着不少的疑虑,首先是对如此大面积的拆迁以及拆迁政策怀有疑虑。从2003年到2013年整整十年,才拆掉那么一点儿地方,甚至还有不少遗留问题,而这么大的北梁拆迁却要"四年规划三年完成",能实现吗?再者,这次的拆迁政策真能一个政策标准执行到底,"一把尺子量到底"吗?以往的拆迁可是只要你能拖住,拖到最后,就会得到更多的实惠。更有个别居民动起了歪脑子,琢磨着如何把自己现有的房子变大、变多……

种房子

三官庙社区的老王这几天可是睡不好觉了。

老王并不太老,他和妻子在路边摆了个小摊子,长年累月的风吹日晒让他显得比实际年龄苍老得多。这些天他的心思根本不在货摊儿上,也是的,一个小摊子,一天能有多少收入,不过维持个温饱而已。在有些人还怀疑这次北梁能不能拆得动的时候,老王却在琢磨着怎么在窄小的院子里再"种"

出一个房子来。

很多人家都在为"种房子"备料，彩板方钢，砖头水泥，每当有拉料的车辆经过老王的摊子时，老王有些眼热着急，又有些不安后悔。他眼热别人都忙着在自家院子里"种房子"，着急是因为手头没有钱，不安是听说城管已经开始查处这种行为了，后悔是自己没有早点儿把房子"种"起来。

西边的老段家在备料，他知道老段想把南房和正房间的鸡窝炭仓拆掉，翻盖成房子。老王知道老段家那块地方不小，要是真能翻盖成房子，就能多出二十几个平方，按照征一还一的政策，老段就能多要二十多平方米的楼房。老王知道老段家在政府里有关系，街坊四邻虽然都不说，但都在盯着老段家的动静。

老段呢，大白天就用四轮车往院子里拉砖头水泥，他的拉料车刚过去，执法局的小刘就跟了上来。老王想看个究竟，对老婆说："你守着摊子，我过去瞧瞧。"老婆斜了他一眼说："咱们能跟人家比了，人家政府里有人，你有个甚！"老王瞪了她一眼："你个老娘儿们懂个甚！"

老段刚把四轮车车厢板打开，城管小刘就到了跟前，他挡住正在卸车的老段说："大叔，你拉这么多砖和水泥是做甚呀？"老段没想到小刘来得这么快，连忙摸出两盒烟递向小刘。小刘摆着手说："别。大叔，你可别惦记着在院子再弄出个房子来，弄出来了也白弄。"老段说："我又不是要盖房子，我修一修正房总行吧！你管我盖房子，还能管我修房子？"小刘说："大叔，这不是明摆着的吗，修房子能用这么多的砖头？这眼瞅着就拆迁了，有必要修吗？说句心里话，我是怕你花冤枉钱，最后还得自己拆。"

老段恼了："用不着你操那心！"

小刘被老段噎得没了话，恰在此时，小刘的电话响了，他接着电话急匆匆地走了。老王想，肯定是老段的外甥打来的。

当天下午，老王硬着头皮又去了亲戚朋友那里，好不容易把几千块钱筹措齐了。拿到钱的他家都没回，忙三火四地去了旧货市场，采办齐了彩板、方钢、旧门窗。第二天，又买了些砖头水泥，当天夜里，雇车把这些东西神不知鬼不觉给拉了回来。

老婆不停地打探老段家那边的情况。

老段家的鸡窝、炭仓拆掉了。老段家连夜在砌墙……

听到这些消息，老王越发按捺不住了，为了省钱，他跟老婆俩人连夜在院子里竖起了方钢，白天把大门锁得死死的。就在老王准备雇人砌墙安窗户上屋顶的时候，和他一起摆摊的人给他递过来一张纸说："这是城管小刘给你的。"老王一看，是一份责令停止违建的通知书。

夜里，老婆说："老段的外甥今天去老段家跟老段吵起来了，他让老段赶紧拆掉新砌的墙。"老王着急地问："拆了吗？"老婆说："还没有，不过，看他外甥那样子，好像真的急眼了。你说，咱们要不就别盖了，把买回的材料退掉吧，万一盖起来再叫人扒了，好几千块钱就打水漂了。"老王没言语，也没敢把那张通知书给老婆看。

就在老王犹豫着拿不准主意的时候，城管小刘找到了他说："老王，你干啥我们都知道，不要动那歪脑子了，趁现在还没雇人盖起来，能少损失点儿，你从哪儿买的材料，我想办法帮你退了。"

老王说："那你咋不管老段家呢！"

小刘说："谁说不管了，用不了两天，他盖的房子肯定要拆掉！"

老王不信，他看到老段家的房子已经封了顶。

就在老王跟瓦工谈工钱的时候，电话响了，是老婆打来的，她气喘吁吁地说："老段家的房子拆了！"老王愣了愣说："你看清楚了？"老婆说："看清了，看清了，推墙的就是老段的外甥。"

老王发愣间，瓦工不断地催促他。

老王一边吸着烟一边想：材料已经买了，想退掉肯定难，就算能退了，也损失钱了。他决定还是赌一把，赌输了，他也认了。为了把损失降到最低，老王决定自己干。

当天晚上，老王插好大门，把屋檐下过年挂灯笼才用的大灯泡点亮，和老婆忙活起来。正干得起劲，忽然听到有人喊："老王，你咋不听劝呢，你这房子就算盖起来也是白盖！"老王吓了一跳，手里的铲子哐啷掉在了地上，顺着声音看过去，城管小刘的脑袋将将探过院墙。

老王火了，他喊道："刘城管，你咋总跟我过不去呢！我要是有钱，谁费这劲儿？又没拿你家钱，你犯得着大黑天专门跑到我家来吗？"

小刘隔着墙头说："你连个好赖人也分不清，就算你偷盖起来，我们只要在你的房子上做个记号，再给摸底调查组发一个非法建筑告知书，你就白折腾了。我知道你想刨闹点儿钱，可要是都像你这样，这北梁还能不能拆得动，要是真拆不动了，你还能不能住上楼房……"

老王的房子最终没有盖成，但他的损失并没有想象得那么大，城管小刘帮他把买回来的材料按原价卖掉了，只是损失了些拉运费。

就在老王和小刘隔墙夜话那会儿，河东镇的老赵沏了一缸子浓茶瞅着他新盖好的三间房子盘算着：这下行了，有了这四十多个平方，闺女的房子就有着落了。

家里最近很不安生，三个儿子吵闹着已经把能分的都分了。只有离了婚的闺女最可怜，带着个孩子，这老房子一拆，连个落脚的地方都没有了。

老赵家在巷子的深处，他动手也还早，当初为了省点钱，他用的都是旧料。如今看来，他的选择太正确了。前两天，他看到城管的人在拆巷子前面的一家新盖的房子。那家的老太太耍泼不讲理，坐在屋顶上又嚷又闹，他本来以为那房子拆不掉，可后来城管不知怎么做通了老太太的工作，房子还是被拆掉了。

当时，老赵觉得那些城管也挺不容易，那么大的风，几个人在房上硬是把一块块彩板完好无损地拆下来，整齐地码在院子里，然后又帮忙给拉了出去。

测绘组这两天就要测量到他家了，老赵叼着一根烟在新盖的房子里转悠着。墙上的涂料虽说是新涂的，若不仔细分辨根本就看不出来，老赵刷墙的时候，往涂料里掺了些乱七八糟的东西，外墙的颜色显得挺旧。前两天，他又在房子里点了两堆柴草，房顶和墙壁熏得黄一块黑一块，外人很难看出这房子盖好还不到一个星期。

天还没大亮，老赵就睡不着了，他起来又在院子里转悠开了，憋屈、压抑，原来还算宽敞的院子只剩下窄窄的一条。太阳出来了，老赵又发现这新房子还是有翻新的痕迹，忙找来一把铁锹，铲了些炉灰四处扬撒掩盖着。

等他忙乎完，身上、脸上也落满了土灰。

老伴儿做好饭，他胡乱吃了一口便溜达出去了。测绘组就在前巷，好些街坊邻居们也在那里。老赵不说话，他听，他看，他琢磨。快到晌午时，老伴儿忽然打来电话，说城管的人来他家了！老赵一阵心慌，一溜小跑到了家。

执法局的几个人站在院子里，正对着他新盖的房子指指点点，见他进来，一个高个子说："大爷，你这房是违章建筑，必须拆除。"老赵急赤白脸地说："你这娃娃，红口白牙的可不能胡说！我这房子多年了，你凭甚说我的房子是违章建筑。"高个子城管从另一个城管手里拿过两张照片说："大爷，你看，这是 3 月 1 号拍的，这上面有日期。这里原来有棵树，那边是个鸡笼子，我说的没错吧。"

老赵的心忽悠了一下，他压根儿就没想到城管已经把他家的院子拍了照片。他磕磕巴巴强辩道："谁、谁知道你是从哪拍的。"高个子城管说："你看这，这个假不了吧，这边是小孩子画的小人，还写着字呢，您照着墙对比一下。"

老赵哑然了……

像老王、老赵这样在棚改期间突击抢"种"房子的居民也还真不少，有的在住宅南房旁边搭建，有的将南房与正房用彩钢板搭在了一起，有的在房前屋后的空地处随意搭建。这些突击私搭乱建，不仅广大群众反映强烈，也给北梁棚改造成了很多混乱。

针对个别居民为追逐私利，突击乱搭乱建的现象，东河区行政执法局按街道办事处划分了五个巡查管控区域。辖区驻办中队的中队长为第一责任人，并为每个中队充实了队员，分布到各个社区和村上，实行网格化管理，做到责任到人。在定人、定岗、定责的基础上，执法人员每天徒步对每条小街小巷进行不间断、不定时巡查，做到不漏一巷、一片、一户。同时，抽调专门人员成立了北梁违法建设巡控组，对在查处、拆除违法建设中发现问题不及时、处理不彻底，工作中慢作为、不作为、乱作为的情况进行督察。每天实行零报告制度，实现违法建设巡查管控全覆盖。

在控制违法建设的同时，加大了拆除违法建筑的力度和强度，对部分居民夜间抢建、白天大门紧锁的现象，执法人员在其大门上张贴《责令拆除违法建设行为通知书》后，对其违法建筑进行强制拆除。对于一时难以拆除的，执法人员对摸底调查的辖区办事处下发《北梁棚户区违法建设告知书》，告知其该处属违法建筑，在入户摸底调查时，不予对该建筑物进行登记、测绘。同时，在该违章建筑上标明属违建，告知房主自行拆除。努力把违法私搭乱建行为解决在萌芽状态，最大限度地为违建者减少损失，这其实也是实实在在地为拆迁户着想的为民之举。

焦点，难点

从 2013 年 3 月 11 日到 5 月 10 日，历时两个月的摸底调查工作结束。

终点往往是下一个征程的起点。下一个起点是什么呢？当然是征收与补偿了，而以往的拆迁工作中征收与补偿都是拆迁中的焦点、难点、矛盾点。

前些年的旧城改造多是以开发商开发为主，开发商追求的是利润的最大化，他们开发的地段一般都具有较高的商业价值，征收的时候又极力压低价钱少掏腰包，被征拆者也是追求更多的利益，他们盘算着如何利用手中的房子变出更多的钱，更好的房子。如此，开发商与被征者的矛盾可以说是根本对立和无法化解的。这两者之间，开发商属于强势群体，被征拆者则是弱势群体。强势群体为了利润，会使用各种手段、调动各种资源，实现利益最大化。弱势群体要么联合起来共同对付开发商，要么只能任人宰割，要么就钉在原地死扛，有时甚至是以命相搏。于是，提起拆迁，人们往往联想到的是不公、暴力、强拆、群体事件，甚至是血腥。

为了在拆迁改造中尽力避免不应有的冲突和矛盾，就应该出台让利于民的好政策，补偿方案要全面、合理，尽可能地照顾到方方面面的利益。这是北梁棚改的出发点，负责起草最初补偿方案的相关人员的工作做法，给了我们不少启示。

摸底调查工作进行的同时，北梁棚改方案中《国有土地上房屋征收补偿方案》也在制定修改中。具体起草的人员更清楚，这个补偿办法可以说是推动棚改的重要环节，甚至可以说是棚改的基础和成败的关键。

从 3 月 11 日由东河区房管局长郭新钊起草的第一稿，到 5 月 28 日的征求意见稿，《补偿方案》共经历了 30 多次的集体研究讨论，几乎是天天都在研究讨论，日日都在推敲完善细化。

郭新钊讲："方案的制定全过程我都参与了，我们的法律依据有三条：第一是依据国务院第 50 号令《国有土地上房屋的征收与补偿条例》；第二是内蒙古自治区人民政府办公厅关于贯彻落实国务院《国有土地上房屋征收与补偿条例有关事宜的通知》；第三是《包头市国有土地上房屋征收与补偿的暂行办法》。另外，在方案的制定过程中，我们还参照了北梁棚户区入户调查中掌握的不同产权类型、户型面积、居民类别、居民意愿等基本情况以及北梁棚户区改造十年来的安置政策。"

百姓有百姓的想法，他不管你方案制定依据了什么，也不管研究讨论什么，他们此时更关心的是将来的新房在哪里，是不是把他们弄到了一个兔子都不拉屎的地方；他们现有的房子能够换多大的房子，能换几套；如果是给钱，又能给多少钱。更多的北梁老百姓都有自己加盖的房子，这些没有"红本本"（产权证）的房子如何补偿？还有那些院子里的门楼、鸽棚、菜窖、鸡窝、水井、树木又该咋补偿呢？

他们还对未来充满期待，这种期待真正具体到实处，他们又弄不清楚未来到底是什么样子。猜测、怀疑、流言、憧憬让整个北梁都躁动了起来。耳朵听到的毕竟有更大的想象空间，也很虚幻，他们更相信的是自己的眼睛。

4月24日，东河区委、区政府下发了《北梁棚户区搬迁改造中建立党支部和党员干部包片、包户工作的通知》。北梁13平方公里的土地上，两万多户的居民中出现了以200户居民为一个片区，每一个片区为一个居民小组，每一个片区建立一个党支部，共计成立123个居民小组、123个党支部，同时选出了809名居民代表。

正是这种基层组织的设置模式，北梁棚改很快形成了支部牵头、党员带头、群众参与的工作机制，也把棚户区松散的居民凝聚到了一起。

为了让居民亲身感受到他们将来的居住环境，让征拆干部实地得到学习，4月26日，东河区组织部分居民代表、居民小组长、支部书记等400多人，分两个批次赴山西大同市棚改工作现场实地参观学习。

这次参观学习看似是很闲的一笔，却起到了刚柔相济的效果，刚性的政策在柔性的参观学习过程中，渐渐变得不那么生硬，也没有那么冷冰冰的了。

西脑包社区居民代表郝大姐说："去大同参观前，邻居们都来我家了，有的说，你可得好好看一看，听说人家大同老城区改造得可好了，人家的棚改政策宽松，老百姓受益多；有的说，你回来可得跟我们说真话……到了大同，我也是偷偷摸摸地四下打听，问到第一个，人家说每平米给补偿500块钱，我当时根本就不信，以为他是在骗我们，接着又打听了几个，人家都那么说。后来有一个人问我：你们包头怎么补偿的？当时，我们这里的补偿办法还没出来，但像我们这样的居民代表有机会与政府、拆迁办接触，多少了解一些如何补偿的情况，我就跟他说，我们大概是按每平方米2600到3000块补偿，听到我的话，旁边又有几个大同居民过来打听，看到他们吃惊的表情，吓得我都不敢说了。"

河东社区居民小组长赵老汉说："我的邻居有一个亲戚在大同，她前些年来过包头，邻居死磨硬缠地让我去她家看一看，还让我拍点儿照片回来。这不，你看，这是我站在大同旧城墙上拍的照片。你看这边，那乱七八糟的是旧城区。你再看这边，你看这楼，你看这路，真叫个好。你看这张，这是我们邻居家亲戚的新房……咱们的征拆干部都说了，我们将来的安置区比这还好，有啥说的，人得知足啊！"

柳根莲在大水卜洞住了三十多年，对周边的一草一木都有很深厚的感情。经民主推选，她成为福义街社区十一片区的居民小组长。她说："我老了，没甚文化，当时让我去的时候，我跟他们说，我能看懂个甚，让我去看，那不是白花钱嘛。后来，孩子们劝我说，你这辈子也没出过个门，就当是旅游了，我这才跟着大伙去了。我印象最深的是人家的安置区，一个 40 多平方米的烂房子，居然能换那么好的高楼，还花不了几个钱。我当时顺嘴就说，我们北梁的安置区要是能这样就好了。旁边几个人和我的感受是一样，他们也这样说。我们嘀咕的话被一个干部听到了，他说：咱们北梁将来的安置区肯定比这儿还好！"

家住三官庙的居民代表李大爷说："刚开始，我不想当什么居民代表，那不是给自己上'嚼子'嘛，但他们一定要选我，我合计着当就当吧，又不损失甚。当了代表后，我老伴骂我，你个神经病，不当这个代表，咱们家还能拖着赖着，能多要点东西出来，这下好了！在大同听几个钉子户讲他们的事后，我总算闹明白了，政策是死的，你不可能闹出什么东西来，要是你闹你就多占点，他闹他就多占点，那咱们北梁的棚改就改不下去了，改不下去的后果就是大家还要在这个地方住下去，那就不知道要住到哪年哪月了。"

石丽娜是此次赴大同参观学习的领队之一，80 后的石丽娜已经在财神庙社区当了好几年的主任了，她说话干脆，办事干脆，处理问题更是干脆利落。

她带的这几百人，大多是老大爷、老大娘，石丽娜一边照顾他们，一边指挥他们，老人们没有一个不服她的。她说："大同的这次参观学习，最大的收获是让居民们看到了外边的情况，也让他们明白有些传言根本就靠不住。另外，这次参观学习，也让大多数居民小组、居民代表的思想转了弯儿。"

在众多的猜测、期盼和心急火燎的等待中，北梁棚改征收补偿办法在多方采纳、吸收各种意见和建议后，终于与北梁居民见面了。

5 月 28 日，东河区政府在北梁所属区域张贴了关于东河区国有土地上房屋征收补偿方案征求意见的《公告》，各街道办事处给每一户居民们都送去了《包头市北梁棚户区国有土地上房屋征收补偿方案》以及征求意见表。

意见表中，提出如下问询意见：

一、您对《征收补偿方案》（征求意见稿）同意吗？

二、您对"征一还一、以旧换新"同意吗？

三、您对"安置区安置为主"同意吗？

四、您对"低保、低收入家庭、住房困难家庭实施住房保障"同意吗？

五、您对本次棚户区搬迁改造工作有何具体建议及意见？

尽管经过细致缜密的研究讨论，尽管已经采纳了很多意见和建议，但征收补偿方案征求意见的《公告》发出后，很快从北梁的大街小巷中反馈回了一大堆的意见和建议！

民声，汇聚在 106 条

大水卜洞七号院的赵大姐说："我丈夫腿脚有毛病，家里生活来源全靠我在大水卜洞市场摆摊子维持，我这个家虽说破旧，可离市场近，既能当库房又能住人，院子还能停放三轮车，要是换个地方，肯定没这条件了，你说我们这生活怎么维持呀？搬迁住楼房肯定是好事，可日子也得过呀！我呀，还是想回迁。"

三官庙社区的回民白吉祥一家是特困户，他本人是虔诚的伊斯兰教徒，儿子很小的时候就没了，妻子的精神还有点问题，他自己的腿脚也有毛病，行动不方便。他说："政府搬迁改造，对我们这些老百姓来说，就是天上掉下了馅饼，绝对的好事，我举双手赞成！可我是回民，你们看我这腿脚，要是离开这儿，我每天咋去做礼拜？"

先明窑子的王大娘说："我在这儿住了多半辈子了，舍不得这地方。北梁虽说破烂、憋屈，可这地方能养活穷人啊！住楼房是好，可是甚也得花钱，水电、暖气、物业，还有这呀那的，我们老了，哪有那么多来钱处。再说了，就像我们家，老儿子还没结婚，在这里住着吧，没钱买楼房，可以把院子里的南房重新翻盖一下，也别说房子好坏，起码能把媳妇娶回来。要是换成楼房，就那么大个地方，现在子女哪个又愿意跟老人住在一起，唉！最后是老也老了，还得到处租房子住。"

红星社区的张大爷说："搬迁，谁不想？我今年都七十多了，也想住住楼房，可你们看，我就这么大个院子，我们家有产权的房子就那么两间。老大娶媳妇的时候接盖了一个房子；老二娶媳妇那会儿，又接盖了一个房子；老三娶时候又在老二的房子边上挤擦出一个房子；老小子大学毕业了还没有工作，有没有工作也得娶媳妇吧！我去年还思谋着把大门改一改，再盖一个小一点的房子，我和老伴能住开就行，把我们住的那间房子重新拾掇一下，留给他娶媳妇用。说句心里话，我觉得自建房给的补偿太少，再说了，我不想去什么安置区，还是想回我们北梁这个地方。安置区的房子，离的又那么远，将来就算给我们房子，估计也不可能给到一起，所以呀，还是回迁好。"

颤巍巍的刘大娘说话很干脆，思维也很清晰，她说："现在那工程房，哪能住呢，今天门坏了，明天水管子漏了，我儿子买的房子，家里新新的暖气，没两个月就漏了，那还是商品房呢。我们将来在安置区的房子，质量谁给保证？东西坏了，有没有人管？不是把我们日哄过去就拉倒了吧？"

……

居民是小家，政府是大家，小家有难处，大家也有难处。小家思谋的是点，大家考虑的是面，相对于大家的小家，其实正是大家的一分子。小家在计算门洞给补多少钱、院子给补多少钱，最关键的是他们中的多数还是想着回迁。而北梁搬迁改造采取的是先规划后建设，先安置后征收，以异地安置为主，局部原地改造为辅，统筹兼顾居民就业的方法。要想实现先安置后征收，让居民尽早住进新房，这异地安置是必需的先决条件。

再者，北梁地区地质地貌复杂，七沟八梁的地形，本身就不具备大面积建设安置区的条件。再加上基础设施薄弱，生活配套服务设施落后，征收范围内涉及的居民多、密度大，征收安置资金需求量大，改造时间长，不实行异地安置就很难实现顺利搬迁。

小家过日子要算账，大家过日子更要精打细算……

某位市领导在一次会上说："目前北梁核心区一亩地的拆迁成本超过 180万元，而北梁最好的商业用地市场价也仅为一亩 130 万元，价格倒挂严重。在很多人看来，旧城改造可以通过多盖高层建筑提高容积率来增加土地利用率，而容积率恰恰又是我们的一个软肋！包头机场在东河区，按照华北民航局的要求，机场东西 20 公里、南北 10 公里范围内，海拔 1053 米以上不能盖建筑物，可北梁梁上高度已达 1071 米，也就是说北梁上不修建筑就已超高了。这里七沟八梁的地貌，13 平方公里的区域内真正的优质居住用地屈指可数，超过八成的居民要求就近回迁显然难以实现……"

还有一个更大的问题难题，那就是棚改资金的筹集。

在制定北梁棚改方案时，经过包头市委、市政府以及专业部门反复论证，最终确定政府主导、市场运作、金融支持、滚动发展的模式。

从北梁棚改启动之初，从财政、国土、金融、房管等系统抽调精干力量组成融资工作小组，精确测算出棚改的资金需要 219.1 亿元。其中征收补偿资金 42.3 亿元，安置房建设、回购资金 108.5 亿元，基础设施建设资金 42.9亿元，建设期利息 25.4 亿元。

需要花的钱是这么多，再看看这么多的钱又从哪里来？第一个来源是国家、自治区、市本级各项财政专项补贴，第二个就是银行贷款。在自治区主要领导的协调下，包头市被国家开发银行确定为全国唯一一个省级平台以外的棚户区改造贷款试点城市，给予综合打包贷款支持，国家开发银行总行已经评审通过了总额为 160 亿元的北梁棚改贷款项目。

能借来钱已经不容易了，那可是 160 个亿呀！不管是老百姓还是政府，谁借钱早晚也还是要还的。

可这钱又该怎么还呢？

主要通过北梁搬迁腾空后规划建设用地的土地出让收益来偿还银行贷款本息。从规划中看，北梁棚户区 13 平方公里范围规划建设用地 6.6 平方公里，约合 10000 亩。先选择 2000 亩条件较好的成熟地块，通过招商引资的方式进行土地一级开发，利用市场资金推进房屋征收和安置房建设，从而有效解决资金缺口，缓解政府资金投入的压力。同时，逐步将搬迁腾空的 8000 亩土地纳入土地储备计划，集中收储，并进行土地整理和配套，待土地升值后适时挂牌出让。

经测算，北梁棚户区规划建设用地经综合配套后，按照每亩平均 200 万元出让，可回收土地价款 160 亿元，扣除五项基金约 27 亿元，可实现土地收益 133 亿元，用于偿还银行贷款本息，实现资金总平衡。

若是居民都要就近回迁，资金总平衡的目的就很难达到，也就是说，政府还钱存在问题了。因而，从各个角度上看，是否顺利实现异地搬迁是北梁棚户区改造成功与否的关键所在！

东河区一位领导说得好："棚户区改造是事关发展的头等大事，是疏解民困的民心工程，改造中各项工作以听民声、顺民意、保民利为标准，要让受益群众搬进新房后住得放心、顺心、安心、舒心。"

"听民声、顺民意、保民利"，这九个字可不简单，要听更要做。通过对各社区搜集上来的拆迁户们的意见、要求、建议进行初步整理后，总共汇集成 106 条，这其实就是民声。在这 106 条的基础上再次归纳，形成了几个方面的问题：异地安置问题、一房多户一房多代问题、主住人自建房的补贴问题、保障性住房及简单装修问题、产权房与自建房区分结构给予补偿的问题、拆迁范围内遗留户的问题、征收附属物的补偿标准问题，等等。

东河区以街道办事处为单位，分层次组织 123 名居民党支部书记、123 名居民小组长、809 名居民代表参与学习讨论，宣传讲解，在互动中深化对征拆方案的分析理解，逐层递进，确保政策导向在棚改一线实现全覆盖。

走，看咱的新房去

6 月 15 日，北梁棚改安置房建设工程开工暨首批安置房入住仪式，在河东镇银匠窑子村阳光世纪城项目区举行。

在离村子不远处的空地上站满了人，太阳晒得人皮肤发烫，但却没有一个人离场。人们站在没有遮挡的空地上兴奋地交谈议论着，抻着脖子张望着，耐心等待着……人群里除了现场的施工工人、工作人员，来得最多的就是北梁居民，他们都想看看自己未来的家。

四十多岁的尹志琴被前边的人挡住了视线，个头不高的她今天特意打扮了一番，穿了一身黑色连衣裙，显得精干年轻了许多。她没有心思和别人聊天，只认真地听着前面人的说话，听着什么时候喊她上前领新房钥匙。为今天，一家三口昨晚兴奋得都没睡稳当。

当主持人宣布，请首批 20 户居民上前领取廉租房钥匙时，尹志琴紧跟着前面的人，生怕把自己落下。当她拿到黄色纸壳大钥匙时，不由得高高举起来让大家看，上边粘着新房钥匙。领到钥匙的人们高兴得合不拢嘴，他们正和周围的人分享着喜悦时，有人喊"快上车，要去看房了"，谈笑风生的居民一转眼都小跑着上了车。

人群中的老霍望着领上钥匙的人们都走了，也激动地走了过来，虽然他还没有领到新房钥匙。

老霍名叫霍光民，今年 67 岁，木材公司退休工人，住在红星社区，旧房子 39 平方米，老老少少 7 口人都住在一起，三代人盼着搬迁，终于盼来了希望。

老霍说："几年前，为了儿子结婚，家里到处看房，房价便宜时咱们也没钱，好不容易有点钱，房子又贵得买不起，东河区的售楼处几乎都转遍了，买房子的念头也慢慢打消了。"

看着邻居拿上新房钥匙他也很激动，他说，他们家除了居住的房子以外，自建的凉房、炭房也都能给补点儿钱，大概每平方米 800 元；还有一些不足两米高的墙面每平方米 400 元，所以家里商量准备再添点儿钱换个大一点儿的楼房。儿子准备换个 90 平方米的，自己想换个 70 平方米的，这样算下来两套房子总共才需要 20 多万，还是比市面上便宜很多，他感觉以后的日子也敞亮了不少。

已经拿到钥匙的尹志琴最满意的是对低收入群众的"双保障"方案，她说："我们家的住房面积不到 20 平方米，现在政府提供了 50 平方米的廉租房。打开新家的门那会儿，我真激动，真好，真好，这地铺得多亮堂！厨房还给吊了顶，直饮水、管道天然气、洗脸池，真是甚也不缺了！"

新房也勾起了尹志琴的回忆："我在北梁上整整住了十八年的老平房，一结婚就住在那儿，太窄了，一家三口就在一张床上挤着，你说能方便吗？唉，要不是政府，这样的好事我想都不敢想。你说，天底下还有这样好事，一平方米每个月交 1 块钱房租，一个月才 50 块钱，我住的那个不到 20 平方米的房子，政府还按每平方米 3000 块钱给了补偿，拿着这 6 万多块钱，还能购买政府监管的商业摊位，住房有了保障，生活也有盼了！"

领到新房钥匙的苗云生是土生土长的北梁人，低保户，靠捡破烂为生。今年 58 岁，他和老伴都有病。原来住的是 20 平方米的平房，25 户人家一个院子，没有下水没有厕所。他看着新房高兴地连说："没想到，没想到，这得给我们省多少钱！不用自己装修，每月只交50块钱，打着灯笼都找不到的好事啊。原来那个破房子，冬天冷夏天热，下雨时候家里就发了大水了。"

财神庙社区主任石丽娜几个月前曾到北梁一个大杂院第二次入户摸底。她一进院子，几家人都笑脸相迎。石丽娜想起她以前第一次入户调查的时候，也就是这个大杂院里的人，脸不是脸鼻子不是鼻子地像见了仇人似地对她吼起来：

"问甚问？我家就这二十几平方米，你还能给我一套楼房？我才不做那个梦呢。"

"别量了，我们家不搬，让我们住中南海也不搬！"

"我家想搬，我有五个儿子，需要五套房子，你能解决我就搬。"

"我就不拆，你就是给我一栋楼我也不搬，看你能把爷咋样！"

石丽娜说："原先这个大杂院里的人都是横眉冷对，不让进门，我们真是不受待见啊。其实老百姓都希望住的房子大一些，但他们更担心能不能公平，给我的和给他的是不是一样，希望一把尺子量到底。"

初步摸底后，"初版"拆迁补偿方案开始征求意见时，却遭到83.7%的人反对。但4个月后，征拆群众的态度却来了个一百八十度的大转弯，修改后的拆迁补偿方案赢得了80%以上居民的支持。

从80%以上反对到80%以上赞成，这中间，征拆群众是怎么转变认识的呢？

棚改最难之处是拆迁，如何体现公平？如何让难事变得不难？

唯有尊重民意，问计于民，让利于民。

那位"让我住中南海也不搬"的拆迁户，在第一次摸底和第一套方案出台后抵触很厉害。为什么？就是方案没有很好地听取群众意见，大家摸不着头脑，不托底。四个月后方案再次出台，征拆户的意见得到充分尊重，各种补偿条款一清二楚，大家看得明明白白，心服口服。那位"住中南海也不搬"的拆迁户，在第二套方案出台后，最先签了协议。

在方案修改过程中，其实政府把"定规则"的权力真正交给了老百姓。分五次召开由人大代表、政协委员、法律顾问、专业技术人员、征收安置组成员、居民支部书记、居民小组长、居民代表等一同参与的听证会，因而这个方案就有了坚实的群众基础。

7 月 19 日，修改完善后的《房屋征收补偿方案》提交市棚改领导小组全体会议审议。这是一个被广泛认可的"草根方案"。这其中，最重要的是"让利于民""公平公正"。与之前改造不同，与一些地方"经营城市"不同，与饱受诟病的"土地财政"不同，这次改造是政府"赔钱"，搬迁户"获利"。据初步测算，北梁棚户区拆迁成本与净地出让价格每亩"倒挂"20 万至 50 万元。

北梁的历史，包头的气脉

今天的包头人常说：包头的根在东河，魂在北梁。那么，包头的"根"与"魂"都是些什么呢？

成吉思汗的大军饮马博托河，古村落中的一声牛哞，复盛公商号大红的牌匾，黄河码头上往来穿梭的帆影，就是包头的根。

古老而新鲜的《敕勒歌》，情深而凄婉的《走西口》，梁上梁下阵阵的驼铃声，清真大寺真切的召唤，就是包头的魂。

老东河的千年旧址、庙堂、古宅是包头"根"的持续存在。北梁上几百年的历史遗迹、文物遗存甚至传说故事就是包头"魂"的有力见证。

寻找老包头老东河老北梁的根与魂，最早可以追溯到清乾隆二年（1737 年），北梁上有了茅屋窑洞，有了袅袅炊烟和声声牛哞。嘉庆十四年（1809 年），萨拉齐厅在此撤村设镇，始称包头镇。道光十六年（1836 年）因商业兴盛，改设大行。辛亥革命后改名包东州。1923 年，平绥铁路延至包头，遂立包头设治局。1926 年升格为县，1932 年成立包头市政筹备处，与县政府并存。1946 年恢复县、市并存分治体制。1950 年，包头市与包头县人民政府相继成立，设一、二、三区。1953 年，包头城区东北梁一带成立回民自治区。1956 年，一区、二区和回民自治区合并为东河区。

东河北梁地区原为蒙古族巴氏家族的"户口地"，"走西口"的口里汉人来到北梁后，租用巴氏家族的"户口地"居住耕种，逐渐成了固定居民。晚清至民国时代，包头的商业中心在北梁。这里居民集中，店铺林立，是当时中国西北地区一个重要的皮毛、粮食集散地和水旱码头。丰富的历史底蕴，经过岁月的沉淀，潜藏在这片圪梁梁上。

2013 年，北梁棚改打开了"宝藏"，北梁文物熠熠生辉。

走进北梁，感受着一段古巷、一处院落、一座寺庙散发出的历史气息，曾经的生活画面出现在我们的脑海中。许多第一次走进北梁的人都会感慨：想不到一个老旧破烂的棚户区，竟藏着这么厚重的历史。

留住包头的根才是成功的拆迁，保护包头的魂才是成功的改造。

保护北梁的历史遗迹、历史文物，在政府规划拆迁前就做出过决定。确定北梁民居保护重点区域 1 处，保留北梁传统民居院落 19 处。

尘封的历史因棚改的变迁，被重新发现、认识，棚改"挖"出的"宝藏"重现光辉。北梁地区已发现文物 19 处，有 13 处公布为文物保护单位。其中，自治区级重点文物保护单位 3 处，为福徽寺、龙泉寺、南龙王庙；市级重点文物保护单位 10 处，为妙法寺、财神庙、官井梁天主教堂、清真大寺、瓦窑沟清真寺、马号巷事件旧址、郭家巷民居、解放路基督教东堂钟楼、日军营房旧址、水源地碉堡。此外，还有未定保护级别的文物 6 处，为大仙庙、太平桥、后水沟子桥、王定圻烈士墓、井坪村显灵寺、东敖包。除了这些重点文物保护单位，北梁地区还有数量众多的传统民居，也保护得较为完好。

我们跟随市文物管理处工作人员进行采访，发现瓦窑沟的水泉井，马号巷的包镇公行、包镇商会，三官庙二道巷的王家大院、刘澍住宅，东门大街东召拐子街的复盛油坊，长黑浪巷的巴家大院、杨家大院、何家大院等看似"落魄"的建筑和旧址以及普通人家的住房，在专家眼里都是难得的传统民居遗存。一位在北梁居住了70多年的老人说："天天住在这些老旧房子里，一直都想着要搬到楼房里，从没想到，今天它们成了'宝贝'文物。"

北梁棚户区改造前，许多摄影爱好者曾走进这里，目的就是留下北梁地区老民居的影像。在北梁一座座古朴的院落里，谈起破旧的老房子，许多老人还有些不解："一些破房子，有什么可拍的？"但当问起房子里曾发生的故事时，老人们却侃侃而谈。"百年老房，留下了几代人的记忆，这就是文物的厚重感，也是最为珍贵之处。"一位摄影爱好者说。

北梁地区的文物种类众多，除了保护比较完整的传统民居，还有革命旧址6处，分别是福徽寺东院——中共包头工委旧址，西院——中共绥远特委活动旧址；官井梁天主教堂——第一次绥包战役战斗旧址；马号巷包镇大行——马号巷事件发生地；郭家巷1至6号院——辛亥革命烈士郭鸿霖故居；王定圻烈士墓。

北梁二道巷的白家大院，最早的主人是王肯堂，后来，王家家道中落，迫于生计王家将宅院卖给了白家。这白家大院，虽说已经是门庭破败，但仅从那些精美的砖雕石刻上，就能看到院落主人曾经的荣耀与显赫。同时被保留下来的还有日伪时期任包头市长的刘澍的旧居。这些破落的深宅大院，曾经是包头名重一时的人物所居住的私人宅邸，也是包头几百年兴衰的实际见证。其实，围绕着福徽寺周围过去还有不少古旧建筑，可惜在二十世纪八十年代的城市改造中被一股脑地拆毁了。过去的东法院和衙门口街，都是极具文物价值的建筑。最令人感到遗憾的是"九·一九"起义签字的旧址，即中华人民共和国成立前的包头银行。那是包头很少有的中西合璧的建筑，代表着过去包头建筑历史的最高水平，如今只剩下一幢孤零零的门厅立在那里，让人觉着深深的遗憾。

在文管处征集到的纸质物品中，笔者见到一张1949年的包头警察一分局自卫队岗哨图，图中标注的老包头街巷一清二楚，老城墙也清晰可辨。据文管处同志讲，为征集这张图他们颇费了一番周折。

作为包头最早的居民点之一，北梁民间有大量的民俗文物。目前，市文物管理处已从北梁地区征集了580余件民俗文物，这些文物的年代主要集中在晚清与民国。其中，一尊明万历年间的铁铸关公像，是目前文物部门在该地区征集到的年代最早的文物。在北梁棚改征拆中，还采集到民居建筑大小构件近万件。

对于这些民俗文物，市政府拨出专款作为征集经费，"通过这批文物，可对北梁甚至老包头的生产、生活有一个全景式的认识"。文管部门的工作人员说。

保护历史文物，其实早就成为北梁改造的重点工作之一。在棚改启动之后，市文化、文物部门就走进北梁棚户区，进行文物及传统民居的保护工作。

随着棚改工作全面铺开，市文物管理处派出大半技术人员，会同东河文体局对拆迁重点范围进行详细摸底调查。初步掌握了重点文物、传统民居的分布状况、保存程度、基础数据、保护价值以及民俗文物等详细信息，形成调查报告和保护意见提供给棚改指挥部。经市委、市政府组织召开专题研讨会后，制订北梁棚户区改造文物及传统民居保护方案。市文物管理处与东河区文体局共同成立了"北梁文物及古建筑保护专项工作组"，扎根北梁，现场指导拆迁中文物及民居的保护。

在棚改征拆的两年时间里，文物管理处工作人员多次进驻北梁，开展文物保护工作，记录历史文化，珍藏历史记忆。

许多北梁人，今天要搬走了，才发现，北梁原来是一块风水宝地呀！

大部分北梁人搬走后就不再搬回来了，可是他们的根系在北梁，他们的梦也留在了北梁……

第三章　「百日攻坚」里的日日夜夜

我们或许还记得"责任田"这样一个在远去年代里，曾经搞好农业生产的办法。

二十世纪六十年代初期，安徽省委书记曾希圣经过深入农村调研后，起草了《定户到田，责任到人问题》的文件。1961年，安徽省90％以上的生产队实行了"责任田"，当年粮食产量为历年最高。

从2013年8月底北梁所谓"百日攻坚"开始，2167名棚改干部也都有了自己的"责任田"，他们进门入户"点对点""面对面"做工作，做到户户有人盯、事事有人帮。

到11月底，累计拆除13081户，拆除面积76.4万平方米，搬迁安置居民3.1万人，开工建设安置房150万平方米，超额完成全年目标任务，实现了棚改搬迁的重大突破！

这一组组数据，令人倍感振奋！站在转龙藏斑驳的亭子上，让我们的目光投向北梁，投向那"百日攻坚"的日日夜夜……

搬家，搬到咱的新家去

2013年9月的一天，多家媒体的记者们来到北梁征收安置大厅，他们看到大厅里人头攒动，71户首批整体搬迁的居民，正在办理交证、选房手续。

首批整体搬迁居民包括居住面积 25 平方米以下的住户、三级肢体残疾人、全盲残疾人和 75 周岁以上的老人。

今年 76 岁的李梅梅,家住三官庙先明窑 100 号大杂院里,一间 25 平方米的平房里,一家人已经生活了 50 多年。早晨 6 点,李梅梅的儿媳小唐早早来到安置大厅排队,很幸运地排到了第一号。

李大娘是坐办事处专门安排的看房车来到安置大厅的,老人今天像是走亲戚一样穿戴一新,由儿媳妇搀扶着站到办证窗口前,她们后面排起长长的队伍。

小唐手持街道办事处签字盖章的《包头市北梁棚户区住房保障申请表》《选房证》以及身份证,领到了顺序号。

一位记者刚刚来到小唐的面前,她就高兴地对记者说:"我婆婆住的房子也就二十来平方米,自建房面积 8 平方米,选中的是惠民新城二楼 211 号,面积 50 多平方米。我婆婆还能领到 68480 元补偿款和 500 元搬家费。房子有了,生活来源也有了。"

李大娘看着儿媳和记者的对话,笑得合不拢嘴。

在安置大厅内的房源展板上可以看到,大部分一至四层的房屋都已经穿上了"绿衣",不少五至六层住房穿着"红衣"。穿了"绿衣"的房屋是指已经有了主人的,穿着"红衣"的房屋两天内还处在待定阶段,如果"红衣"房屋的主人在两天内不办理确认选房的手续,工作人员将会把"红衣"脱去,如果办理了确认手续,"红衣"房屋则会换成绿色,表示该房屋已有了主人。

这次为原居住面积 25 平方米以下的居民准备的 2600 套安置房,第一天,800 多套就有了主人。

这边选房,那边看房。

早晨 7 点,东河区财神庙办事处门前,接送居民去新区看房的中巴车里已经坐满了人,居民们你一言我一语地念叨着——

"昨天我知道今天要去看新房,激动得一黑夜没睡好。"家住西北门的赵日全老人今年 70 岁，和老伴儿住在十多平米的平房里，一住就是 50 多年。

到了新区"井坪苑"后，赵大爷走进廉租房，看着宽敞明亮的房间，激动地落下了幸福的眼泪。

这次和赵大爷一起来的居民看的新房主要分布在"井坪苑""鹿城福满园"以及"惠民新城"三个安置区。看完新房后，不少居民都想着尽快搬家。

一位姓冯的大姐，带着 90 多岁的母亲一直租房子住，只因为自家仅 14 平方米的平房，实在没法容纳。这次来看房后，一下子就看中了。冯大姐说："租房住的这些年，我一直觉得对不起老人，今天我的老妈妈终于能住上自己的房子了，还是这么好的房子。真是儿女好不如政府的政策好！"说着就拉住母亲的手要走，也不等送她们来的车，马上打车回办事处办手续。

接送大家来看房子的财神庙办事处的杨主任说："今天组织看房的 400 户居民都是现住房屋面积在 25 平米以下的老住户，他们看的都是面积在 50 平米左右的廉租房和安置房。群众满意不满意，看大家高兴的样子就知道了！"

"正愁着我那点搬不走的炭咋办呀，你们倒把卖炭的钱给我送来了，真是谢谢你们！"家住三官庙召拐街 3 号院，85 岁的王秀花老人，手拿着运管所工作人员送来的 300 元卖炭钱，流下了感动的泪水。无儿无女的王秀花老人，自己原本的那间 30 几平米的小屋，如今已经随着大面积的连片拆迁被推倒了。现在，王秀花老人暂住在孙女的婆家。一想到自己也已经选上了满意的新房子，老人心里就充满了幸福感。她说："人老啦，每天做饭要劈柴、打炭，真是干不动了。每年冬天，咋也得买 3 吨炭，这回全省下了。能从那个破旧的小屋里搬出来，要上新楼房，我做梦也没想到。"

"搬新家的那天，我真是说不出的高兴，和儿子、孙子忙乎一天，炸了油糕、熬了粉汤，坐在一起庆祝，还喝了点儿酒。喝得有点儿多了，也没忘了给家里的亲戚们打电话，让他们来新家认认门坐一坐。"住进惠民新城的高秀兰老人高兴地向我们说。

今年 78 岁的高秀兰祖孙三代住在滨河东路供销社宿舍一间破旧的屋子

里。屋子阴暗潮湿不说，一到冬天连门都不敢出，家家户户的污水随处乱倒，没个流处就冻成了冰滩，越冻越厚，最高能冻到一米多厚。能挪出这个"窝"，住上宽敞明亮的新楼房是高秀兰老人一辈子的梦想。

如今，老人的梦想成真。从听说自己的老屋在搬迁范围内那天起，她就高兴得不得了。没等工作人员登门入户，她心里就做好了要积极配合的准备。短短几个工作日，工作人员热情、高效地为老人办好了各项相关手续，让老人第一时间领上了钥匙，住进了新家。

笔者走进先明窑子 40 号院时，刘艳霞和母亲高桂芳正忙着一起收拾着东西。一个橘色外壳的小电视和废报纸堆在房门口，炕上还有几个小包裹。见我们来，高桂芳忙摘掉头上裹着的毛巾说："啊呀，我们马上就收拾好了，就是有几件东西，拿走吧也没个甚用，丢下吧又舍不得。这儿的东西咋说也是一砖一瓦置办下的，这些东西有过去的影子和念想啊！"老式缝纫机、一个黑铁皮做成的大蒸笼、墙上的老照片，这是高桂芳的孩子们在搬家时"争抢"的东西。高桂芳今年 66 岁，老家在山西省河津市西关村，结婚后随丈夫刘茂伟来到包头生活。"我和老伴是一个村子的，他没了父母时年纪还小，就来包头和三姑一家生活。回老家订婚时，我们就想着以后可以调回去，没想到，一来包头就是一辈子。"

高桂芳仍清楚地记着搬到这个院的时间："1969 年阴历三月十四日住进来的。当时，这房子让我心里一亮，生活能好些了。没想到，才 38 岁我丈夫就去世了，一个人拉扯 3 个娃娃，真艰难。全靠一个人缝衣服挣点儿钱维持生活，这次搬家，孩子们说，缝纫机、做馒头的铁皮蒸笼可不能丢，那可是妈妈辛辛苦苦养活他们成人的见证啊。"

丈夫去世，家里没了顶梁柱，高桂芳用"熬盼"来形容自己的日子："一步也不敢慢。姑娘念完高中就不读书了，要和我一起缝衣服挣钱养活弟弟。熬着熬着，儿子们都成了大学生，房子虽然小，也都娶了媳妇儿。"

说起这次拆迁，高桂芳就感慨："赶上好政策，两个儿子和我商量说要房的话，就把房过户到姐姐的名下，可闺女也不要房子，互相推来推去。最后全家决定要货币补偿，把钱都交给我，由我管着。"

搬家，普普通通一个字眼，在北梁人心中却意味着重生与幸福。告别老平房，入住新楼房，对北梁老百姓而言，既有"登高"的喜悦，又有些难离难舍。

邻居要搬走，大家拥进狭小的屋子，男人们撸起袖子，二话不说就和东家搬起了家具，女人们则帮着收拾着窗台和衣柜内的小物件。都说狗通人性，不知谁家的小巴儿狗嘴里叼着自己的小食盆往院外走，放到车前，又跑回来叼上棉垫，摇着小尾巴，逢人还"汪汪"叫两声，好像知道要搬新家了似的。

东西搬上车，男人们站在院门口默默吸烟，女人们站着地中央，唠着家常，叙叙以前的快乐。相互留个电话号码，跟着装满家当的车走上大道，走出老北梁……

还是大哥说得对

暑气随着秋天的来临渐渐褪去，三官庙社区早起的居民三五成群聚在巷口，女人们或是拿着一把菜，或是提着油条豆浆，或是拎着一把磨秃的笤帚，随意站着闲拉呱。男人们也悠闲得很，叼着烟卷，比比画画地说着什么。

一切似乎还是那么悠闲自得。

若是有外人上来，这些人的眼神"唰"地投过去；如果是拆迁办、动迁组的工作人员，他们的眼神立刻充满渴望和期盼。

"甚时候拆我家呀？咋还轮不到我们家呢？快点儿吧，我都等不及啦！"

"噫，可是选了个好地方，还是你们精巴。"

"甚精巴呀，这么好的政策了还圪抽甚了。赶紧哇，惠民新城的现房可不多了，人家都在抢房子呢。"

"这回你们家小儿子可是沾了政府的光了，要不是，哼，想娶媳妇，一个房子就能把你们老两口都榨干了。"

"甚？不要光说我们家，你们家也不赖呀！"

一切又是那么和谐，这和谐中还涌动着一种春天里的憧憬。

家在三官庙社区十一片区的居民王大爷也在憧憬着，已经病了两年的他在天气好、胃不是很疼的时候，就会坐在他住的大杂院儿门前打盹儿，其实他很清醒，他的耳朵眼睛无时不在观察倾听着周围的一切。他到现在也弄不清楚自己究竟得的是什么病，但从子女们含含糊糊的话语中，他知道了自己得的病不轻。子女们越对他好，他越觉得留给自己的日子不多了。穷了一辈子了，他想在有生之年住几天上厕所不用出门，吃饭不用烧炭，亮亮堂堂、体体面面的大楼房。等到自己老的那一天，还可以把楼房留给自己的子女。

他有时觉得来他家的那个年轻拆迁干部挺招人稀罕，这大热的天一趟一趟地往他家跑，又是讲政策，又是替他算账，真让他于心不忍。他还没糊涂，知道人家是好心，也明白如今的拆迁政策好，可他心里那笔账又有谁能替他算清楚。他拿话呛人家，人家不恼；他给人家甩脸子，人家还是一脸的笑。后来，又来了一个中年男人，一看就是个当官的。王大爷一辈子就怕跟当官的人打交道。今天这个人，肯定是专门来逼他搬家的。王大爷就黑着老脸，对人家待答不理的，任你磨破嘴皮，就是那么两句：我就用这个房子换一个90平方米的房子，让我掏钱，一分没有，你们要是不答应，我就是不搬。除非你们把我埋在这个房子底下，反正我也没几天活头了。

在北梁的拆迁中，有不少人也存在王大爷这样的想法。不过，这个王大爷稍稍有些特殊，这个特殊就是他的病。

有一次，王大爷因为点小事跟儿子吵了几句，偏偏那个干部来得不巧，在他有火发不出去的时候来了，他把心里的火全发到了人家身上。事后，他自己想，要是把人家换成他自己，他肯定会恼会吵，甚至会骂人，可没想到那干部赔着笑脸说："今儿您心情不好，我们下回再唠吧。"说是下回，听上去仿佛不是很急，其实那是人家没办法的情况下说出的话。

　　动迁组的几个人着急，组长更是着急，眼瞅着别的组每天都有新的业绩，他们如坐针毡，却又无从下手。组长被王大爷顶回来后，他们经过一番商讨，决定从王大爷的几个子女身上打开缺口。费了很大的周折，他们分别找来了王大爷的几个子女，让他们没想到的是，王大爷的想法并不是子女们的想法。

　　两年前王大爷就查出得了胃癌。老人得了这样的绝症，绝大多数家庭一般都是瞒着本人，王大爷的子女当然也不例外。几个子女的家境也不是很宽裕，在两年的时间里，为父亲看病他们手里的积蓄花光了，还拉下了一大堆饥荒。他们需要钱，需要把这50多平方米的旧房子换成现钱。兄妹几个想得也挺好，这拆房的补偿一部分用来还清饥荒，剩下还可以继续为父亲治病。

　　想法挺好，可在王大爷那里根本就行不通。

　　动迁组原本以为能在王大爷的子女这里找到解决问题的办法，可挨到10月中旬实在没辙了，只得把情况告诉了片长张磊。

　　张磊笑着说："那咱们就一起过去看看。"

　　下午，张磊和动迁组的人就去了王大爷家。

　　其实这些天里，张磊只要稍稍有点时间，就没停止过思考如何解决这家的问题。偏也是巧，这天，王大爷家的人挺齐全，老人的儿子和女儿都在。张磊进门上炕，盘腿坐在小炕桌前。王大爷在卷旱烟，张磊笑着说："这可是稀罕货，好多年没抽过了，大爷，你给我也卷上一棒。"王大爷愣了一下，张磊的随意，让他有些意外，也多少有些不知所措。他歪头看了看张磊，才把卷好的烟递了过去，说："你们这些大领导能抽这个？"

　　张磊没说话，狠劲儿地吸了一口。等喷出那口浓浓的烟雾后才笑着说："大爷，你是不是又在思谋咋对付我呢？"王大爷被说中了心事，讪讪道："对付你做甚？"张磊说："大爷，你凭良心说，咱们这次拆迁补偿政策好不好？"王大爷翻了翻眼睛，过了好一阵才说："我不能昧着良心说话，好，那是真好！"

　　张磊说："他们跟我讲了你们家的情况。你做甚非要90平方米的房子？"

王大爷没言语。

张磊说："我们来之前就替你算过账了，80平方米最合适。"

王大爷说："你说的合适是不是不用花钱？"

张磊说："肯定要花点，不过没几个。"

王大爷说："不行不行，少也不行，我一分钱也没有！"

张磊笑着说："大爷，你跟我说实话，你手里有多少钱？"王大爷有些恼："你问这做甚！我要上厕所去了。"

王大爷的几个子女知道父亲又要躲出去了。他们瞅着张磊，脸上露出几丝失望。

瞅着王大爷消失在门外的背影，张磊嘀咕着："唉，这个厕所上的怕是没影了。"听他念叨，王大爷的小女儿觉得挺好笑。还没等她笑出来，张磊叹了口气说："我也有老人，我知道你们兄妹几个都孝顺，这九十九道坎儿都过了，就差这一哆嗦？"那几子女个愣了愣，不知道他要说什么。

张磊从烟笸箩里拿出卷烟纸捏上烟叶，笨拙地卷起烟来。王大爷的儿子忙从兜里摸烟，张磊摆摆手说："不用，这个烟笸箩看着就亲。"他卷好烟抽了一口说："你们兄妹也是的，他这病有一天没一天的了，你们就不想让老人敞敞亮亮地住上几天新楼房？"

几个子女相互瞅瞅，王大爷的女儿正想说你站着说话不腰疼。张磊却先说话了："我知道你们给老爷子看病塌下饥荒了，等着拿补偿款还饥荒呢。要是这么想，眼窝子就有点浅了。补偿才几个钱，也就十来万吧，一个90平方米的楼房值多少钱？多了不敢说，按现在的市场价，最低也得30来万吧？"王大爷的儿子正要打断他，他摆了摆手："你先听我说完。你们要置换一个90平方米的房子，也就掏个四万多块钱，摊到你们头上才几个，一人也就一万多呗。现在的一万多还叫个钱？要是我大，我就是跟别人借钱都愿意。如今的房价还在涨，先把这房子弄下来，让老爷子高高兴兴地住着，等老人哪天没了的时候，这房子还不知道涨成甚价钱了！这又能尽孝又能得利的事情要是不办，就一根筋了，真不知道你们是咋想的！

"老爷子老了，老观念，他可能觉得只要耗在这里，政府就会满足他的愿望。你们天天来也都看见了，周边的邻居搬走得多了，你们应该更清楚这不可能吧。换个角度说，就算老爷子同意货币补偿，现在分这几个钱才有多少，老爷子住哪儿？你们就忍心让他老也老了，四处租房子住？再说了，租房子哪有个准地方，你们能方便伺候他吗？老爷子的病能耗多长时间，你们比我更清楚，难就难在眼前这一阵儿哇，大家想想办法，出去筹措点钱，先把这房子弄下来，等老爷子走了，把房子一卖再分钱，那是甚感觉！"

王大爷的大女儿说："我大绝不会掏钱的，也不会让我们掏钱，你让我们咋办？"

张磊像数落自己家人似地说："看你精明伶俐的，这还用我教你，你们怎么瞒着他的病情，现在就怎么瞒着他，告诉他，说他现在这情况，换个90平方米房子也花不了几个钱，哄人总会哇！"

王大爷的几个子女合计了一番，越发觉得他说的就是有道理，当场就同意了他的建议。

王大爷出门后，就被几个街坊邻居围住了，他们看到拆迁办的领导来他家了。这些人你一言我一语地询问着情况，发表着个人的看法，王大爷听来听去，一句想听的话都没听到。尤其是他的棋友老赵最后还说："你呀，你这不是讹政府吗？"

王大爷生着气，还是想不通。

上午，儿子和女儿说的也是这番话，看来他的想法确实有些错了。在外面坐了一阵，转身回到屋里。

张磊见他进门，又笑着说："大爷，你老这厕所上的时间可不短呀！你上厕所的时候，我们可解决了大问题了，给你弄了个90平方米的房子，按80平方米待遇给你，这回你称心了哇？这么大的房子了，你咋也得掏点儿钱吧。你老跟我说句实话，你手里有多少？"

王大爷说："我？我就一万多块钱。"

张磊说："一万以外的你都留下，交一万行不行？"

王大爷忽然觉得天上掉下了一个大馅饼，他忙不迭地说："行，你可不许反悔！"

张磊看了看王大爷的几个子女说："我这么大个人了还能反悔，那成甚人了！"几个子女当然知道他是说给他们听的，马上跟着附和。

两天后，王大爷的几个子女凑了三万多，加上王大爷的那一万块，把一套 90 平方米的房子订了下来。

王大爷的小女儿事后说："我真没想到，这个当官想得比我们还周到，尤其是咋伺候老人，我们以前还真没仔细想过，就想着用补偿款还饥荒的事儿了。他的一番话把我们兄妹几个打动了。"

"要不是人家那个姓张的，我们提早搬迁了几天，现在肯定拿不到位置那么好的房子。"

"唉，还得大哥说得对，比我们有眼光。"

一吨炭，一平方米之争

按说，北梁拆迁补偿方案已经很完善很细致了，不要说房子，就是水井、院墙、门洞、房檐、地面、菜窖、树，甚至连狗窝、鸡窝、鸽子笼都有非常具体细致的条文。然而如此细致的办法，一旦落实到每一户居民身上，却仍然显得有些笼统。每个居民都有一本小账，哪怕是一块砖铺的院子、一棵长了几年的小树、一个鸡窝鸽棚都会计算得很精细。而拆迁政策是刚性的，不能开半点儿口子。

张磊说过这样的话："老百姓就是这样的，你对他好，他就对你好。"

笔者曾经问过张磊，三官庙社区的拆迁为什么这么顺利？张磊的回答是这样的，道理其实很简单，政策好肯定是前提。以往的拆迁工作，因为主体是开发商，常常会发生政府责任缺失、定位模糊的问题。矛盾产生后，基层干部不是向外推就是充当"老好人"，怕伤了开发商积极性，影响了招商引资，结果导致被拆迁群众怨气冲天，戴着有色眼镜看干部。

东河区一位负责人这样说："要想让群众在拆迁中摘掉有色眼镜，干部的作风和工作方法必须转变。'百日攻坚'能顺利进行的一个更主要的原因是我们的干部真正沉下去了。从满嘴的官话、套话、懒做事、不做事，变成了动真情、唠家常，设身处地为老百姓着想。"

在三官庙社区的拆迁中，有一个姓郭的老汉，他以为今年根本就拆不了房子，早早就把一吨多炭买回来堆在凉房里，临到要拆房了，他着急了，平时做饭紧省慢省，炭还是烧没了，可这时候的他使劲往炉子里添，那堆炭就是不见少。郭老汉支持拆迁，也是早早签完协议的一个，他拖着不走的原因就是想烧完他的那堆炭！

"说起来好像挺可笑，往深里一想，心里真是酸酸的！"张磊说："组员在会上提起了这事，我还不太信，过去一看，真是那么回事。我是土生土长的东河人，我能理解他们的心思，就顺嘴跟他开玩笑说：'郭大爷，你舍得不？要是舍得，我拉回去烧哇！'"

"你？你快不要日哄你大爷了，你们住的都是楼房，拉回去做甚？你大爷虽然老了，可眼睛还没瞎，甚也看得清清楚楚。说句掏心窝子的话，你们要是真能用得上，我老汉蹬着三轮车给你们送下去。"

"郭大爷的几句话，让我心里热乎乎的，一个念头瞬间产生。我急匆匆赶回了拆迁办，四下询问，看有谁家需要用炭。结果，还真有几个，其中有一个组员的父母离这里不算太远。我们去了郭大爷家，要把他的炭买走。这个郭大爷很较真，他不相信我说的话，以为我哄他，非要去看一看。我们组员开车把他带到了他父母平房那里，他看了才同意。"

组员小刘说："拉炭那天，我们雇了一辆电动三轮车，到了郭老汉家。没想到老汉嫌花钱了，磨磨叨叨把司机给数落走了。旁边看热闹的一个邻居说，这个灰老汉，人家花钱跟你有甚关系，你才是多余呢。郭老汉却说，谁的钱不是钱。最后，他借了一辆人力三轮车拉炭。那天挺累的，我们跟郭老汉忙活了两个多小时，但那天的感受我这辈子都会记得。卸完炭，临到我给郭大爷钱的时候，他说啥都不要，最后，我偷偷把钱压到他家院子里的一块砖头下，半路上给他打去了电话，才算把钱给了老汉。"

好些地方的拆迁都躲着媒体，为啥躲？还不就是拆迁里的弯弯绕太多了，北梁这次拆迁属于全程开放式的拆迁，透明度很高。每天都有上百家的媒体在现场采访，这还不包括那些文物爱好者、摄影爱好者们。公开才能公平，公平才能公正，好政策加上公平公正，老百姓当然愿意搬迁了。

张磊说："拆迁办没有官大小，人与人之间没距离，一起入户，一起跟老百姓谈。工作中，根本就分不清楚哪个是领导，哪个不是领导，有时大家连称呼都变了。拆迁干部的苦和累不必说，但他们的心情是快乐的，每签订一份协议，拆掉一户旧宅，那种成就感和自豪感从他们的言谈举止中都能表现出来……"

2013年"十一"刚过，随着大型挖掘机落下第一铲，回民办事处三官庙社区十四片区5个院落的2662平方米老房被集中连片拆除。这是北梁棚改第一次大面积集中连片拆除，标志着棚改工作进入了实质性推进阶段。

不是所有的拆迁工作都像这个片区这样顺畅，这片区域的整体拆除让拆迁干部看到了曙光，也给他们的工作带来了更大的压力。

10月14日，张磊和区长史文煜因为一家拆迁户遇到的问题竟争得面红耳赤。事情是这样的，那家的房屋面积是51平方米，按拆迁政策规定，25平方米到50平方米可以要50平方米和65平方米的保障房，51平方米恰好超出了这个框框，跨到下一个框框，拆迁户得多花钱了。动迁组的人也多次去做工作，拆迁户就是不干。

张磊跟拆迁户谈了几次，了解到那家生活也确实困难。后来的一次，他急眼了冲着张磊吼："我们家是51平方米，你们说得也有道理，就多这一平方米呗，我不要还不行！"他的话把张磊说得一愣，他一时不知道该怎么回答。动迁组的一个年轻人说："这是政策，不能随便改动，这样不行的。"那人说："为啥不行？你给我说出个理由，我的东西我不要还不行？嗯？"

在回拆迁办的路上，张磊想，是啊，人家主动放弃了那一平方米，为啥不行啊。当天晚上的会上，张磊就跟史文煜把这个问题提了出来，史区长当时也没转过弯，认为不可以，两个人从会上争执到会下，一直到第二天中午，在去那户人家的路上他俩还在争执着。

从那户人家回来，史文煜一路上没说话。临到与张磊分手时，他忽然说："张磊，你回去跟大家一起算一算，居民们放弃多少合算，放弃多少又不合算了。我现在就把这个问题带到会上去。"听到区长这么说，张磊暗暗称道，区长不仅转了弯，还把问题想得更深了一层。老百姓有从众心理，尤其是像北梁居民，他们生活困难，没有更多的钱去扩大面积，因而更容易顺着这户人家的模式走下去。

回到拆迁办，张磊和几个组员抠了半晌午，得出的结果是：50平方米以上，老百姓放弃5平方米以下，政府吃亏了；超过5平方米，老百姓就吃亏了。这边刚刚算完，那边史文煜的电话就来了，他着急地问："算完了吗？算完就赶紧让人给我送过来，这儿开会等着用呢。"张磊忙让人送了过去。第二天上午，张磊就得到了回复，允许拆迁居民放弃自己的平米数，但拆迁干部必须跟居民们讲清楚，他们放弃多少是最合算的。

事情正如史文煜想的那样，很多居民开始跟风。

张磊说："老百姓虽然也在算账，但好些人家还是算不清楚，后来遇到好几个这种情况的拆迁户，我们就一笔一笔给他们算，告诉他们放弃多少最合适，放弃多少就不合算了。你要是仔细想想，北梁的好些拆迁政策，都是老百姓想出来、提出来的，你说这拆迁能不顺利吗？"

拆迁虽说顺利，但里面也有些疙疙瘩瘩的东西，有些居民的反反复复让动迁人员的工作量成倍增加,他们没有嫌麻烦,还主动替老百姓出主意想办法。

吃亏还是占便宜

北梁人一天的生活是从倒便盆、上厕所开始的。

一条老旧巷子里十几个大杂院儿,几十户或上百户人家只有一个旱厕,如厕之难之不便之窘迫之无奈,如今的 80 后、90 后年轻人是无法想象的。

夏日的清晨里,男人们叼着烟,女人们提着便壶陆续从一处处门洞里走出来聚集在厕所周边。赶上内急的,就会大声喊:"里边儿的,快点哇么!"里面的人则说:"急?急你不早点儿来!"

上完厕所的人们也不闲着,他们会顺手从自家的炭堆上撮一簸箕回去,几家屋顶便有了炊烟,新的一天在灶火欢快的跳动中开始了。

可是一到冬天,就截然不同了。

彻骨的寒风越过大青山首先侵袭的是地势较高的梁上居民,从热乎乎的被窝里钻出来,首先发愁的是穿衣裳,接下来就该头疼上厕所了。

河东村滨一社区耐火厂宿舍的居民们更怕过冬天,他们回家要经过一个又陡又长的大坡,一场西北风过后,居民倒出去的污水开始在路上结冰,用不了三五天,整个坡上就全是冰了。若是赶在上冻前还没有买回来过冬的炭,那就要挨冷受冻了。

东河区环卫局的田焕科说:"这一片耐火宿舍,是国家'一五'期间配合包钢建设而形成的一片居民区。几十年前,为了给包钢提供耐火材料,政府从河东乡征买土地,建起了耐火厂,出现了这一栋栋简易家属房。后来企业一天天衰败,几次的转制,职工们下岗的下岗,买断工龄的买断工龄,生活一天不如一天。很多人离开了企业,可他们的家还在原地未动。多年了,不少居民把房后的土坡铲成平地,接盖了简易房。根本就没什么配套设施,居住条件很差。"

四十多岁的田焕科精明干练,看上去比他的实际年龄小得多,是一个老包头,在北梁的大杂院里住过多年,对北梁的生活再熟悉不过了。

起初,田焕科接到抽调通知后,一时想不通,他找到领导直截了当地说:"为甚把我弄出来?是不是我在单位里可有可无?我肯定服从安排,但我需要一个理由!"领导说:"理由?你应该比我清楚吧,好钢用在刀刃上!其他的工作别人能代替你做,北梁拆迁是和最基层的群众打交道,我还想不出谁能比你做得更好。北梁这么大的事,我们必须派出得力的干部!"

田焕科释然了。

环卫工人可以说是社会的底层,身为局长的田焕科常年与他们在一起,身上没有丝毫的官气,也从不打官腔。拆迁中有这样一户人家,两口子都不识字,男主人叫金永平,想住大房子,自身条件差,老婆家倒是能贴补些,偏她还没个主意。经过几次商量,终于让他们满意了。可就在签订协议的那一天,金永平忽然质问,政府给他补的那一万块钱咋没了呢?

田焕科稍稍一愣,意识到有人在从中搅事儿,这两口子被人当"枪"使了。他随意瞭了一眼屋里的人,基本猜到了是哪个。按照常理,他应该跟人家解释:进行住房产权调换的居民是享受不到这一万元补贴的,只有办理货币补偿的居民才能享受。屋子里的人很多,居民小组长蓝桂英很是担心,她更了解金永平两口子的性格:没文化,认死理,又好猜疑,还没个准主意。她当时想,无论田焕科怎么解释政策,这个协议的签订今天要泡汤了。

谁都没想到的是,田焕科生气了,但他压住火气问:"来,你给我说说,是哪个说的?"金永平两口子当时就愣了,他老婆偷偷地瞄着一旁的她姐夫。田焕科瞅着金永平两口子的姐夫说:"他姐夫,你是个文化人,政策你能看得懂,你给他们讲讲,我田焕科是不是在说假话,坑他们那一万块钱?"

他姐夫脸涨得通红,低着头一句话也说不出来。两口子见此情景,也似乎明白了,忙不迭地说:"田组长,是我们不对,你也不要追问是谁说的了,我们现在就签字，现在就签。"

社会上关于拆迁的负面传闻层总是不绝于耳，在某些时候，提到拆迁，人们马上就会联想到不公、暴力。北梁的居民当然也是如此，有些人家拖着不搬，等着不走，都是因为怕自己吃亏。

田焕科对笔者说："我家兄弟姊妹多，我们在北梁大杂院里住过多年，我更清楚北梁人在想什么，其实我们的老百姓都很实在。我们的拆迁政策是刚性的，但我们这些拆迁干部心里应该更清楚国家和政府的初衷，就是要改善老百姓的生存环境。你们想想，谁不想住大房子，哪个又愿意在这样破烂的棚户区住下去？他们不是没办法吗！所以，我们要做的是如何因人而异，找到居民期望值与政策的结合点，把拆迁的公平公正让老百姓亲眼看到。拆迁难，难在拆迁面对的是形形色色的人。文化层次不一样，生活条件不一样，家庭环境也不一样。'一把尺子量到底'，绝对是破解居民猜疑心的最好办法，我们这些动迁人员要做的，是针对不同的人去琢磨不同的方法才对。"

田焕科负责的片区里有两户这样的邻居，两家平时关系不错，前一家比较机灵，信息也灵通，钻了政策的空子，动迁之前，早早把凉房改成了自建房。凉房的补偿当然要比自建房少一些，但仍会有补偿。后一家心理不平衡，总觉得自家吃了亏，就耗在那里不动，还四处闹腾。

田焕科把后一家男主人叫来沟通，他说："箩头里装东西，哪能一样的密实，你说说，你这么闹腾能有个什么结果？政策谁能改得了，既然改不了，那只有一种结果，有可能是他占的那点儿便宜叫你给闹腾没了，你又能捞到啥？"

那人眨巴眨巴眼睛，歪着头想了很久才嘟囔着：也是，这是图个甚？送走那人，田焕科马上找来了前一户人家，那人以为田焕科找他的麻烦，他也知道邻居找到了拆迁组。还没等他说话，田焕科说："甚也不用说，我们什么都清楚，国家的便宜不能白占，我找你来是让你回去想办法做他的工作。"

"我哪会做工作，我要是有那本事也不会占那点儿便宜。"

"喝烧酒你会吧，不用你花钱买酒，我这儿有两瓶，你拿回去跟他喝了。"

没过两天，耗在那里的那户人家签了协议。

神出鬼没的"二哥"

就在张磊坐在三官庙社区王大爷家的炕上苦口婆心好一番劝说的时候，田焕科正在耐火厂宿舍与一个轻度精神病患者——二哥对坐着，说话。

按说，三官庙社区与滨河一社区好像没什么关联，可如果你从"北梁棚改网"上打开一张北梁拆迁"百日攻坚"的地图，你会看到一条颜色粉红的轮廓线，将沿青山路的一块前宽后窄的地带围住了。

从东北角延伸的青山路是三条平行的绿线，它的两侧点缀着若干块由黄线圈成的不规则形状，土二楼、井坪社区、大水卜洞公园、西井弯社区、黄土渠社区、三官庙社区、滨河一社区等居民区逐一排列。

这就是航拍图上"百日攻坚"的征拆现场。

青山路像一条界线分明的分水岭，向南看，楼房林立、车水马龙；向北看，顺坡而上的低矮棚户区成片漫布。

二哥的住房就在这片区域的南边儿。

二哥的话很少，脸上总是是那么淡然、寂寥、落寞。

二哥花卷儿蒸得出奇的好，耐火厂宿舍的大娘大婶们也蒸不出那么好的花卷。

二哥拆装自行车的技术尤为高妙，他三下五除二就把自己那辆老旧二八自行车拆得支离破碎，又立马在极短的时间内将它拼装起来。

二哥每天做饭都使劲儿呼嗒着一个古董级别的风箱。那时的二哥总是若有所思地沉寂在另一个世界里。

二哥也令邻居们心烦不已，说不准啥时候，他就会挨家挨户敲着人家的门窗，莫名其妙地讨要他的户口本和身份证。

二哥家的东西，别人是动不得的，哪怕是他捡回来的一块小小的破铜烂铁；要不然，二哥就要发飚了。

更多的时候，二哥很神，像个独行侠。夏日里，天不亮就蹬上他的二八自行车顺着青山路风驰电掣般地失去了踪迹，直到晚饭时才能见到他孤独的身影。

田焕科绝对不是武林高手，但他必须面对二哥这个独行侠。

二哥的原名朱命子，名字和他侠客的身份很是匹配，还真有那么点儿江湖味儿！而"二哥"的称呼，也是田焕科在反复和他打交道时给叫出来的。

二哥有两个妹妹，是他的监护人，一个姓朱、一个姓武。第一次沟通，是二哥的朱姓妹子，还没等田焕科把话说完，就被打断了："不行，不行，拆不成，我二哥恋他住过的地方，换个新环境我怕他适应不了，也怕他自己走丢了。十几年前，我们搬过一回家，我二哥说啥也不去新家，有几天还把自己弄丢了！"

田焕科的第六小组承担着 35 户的拆迁任务，从 9 月份进驻河东村，到 10 月 30 日必须完成，只有短短的五十天时间，任务是有点儿急，又遇上这个要命的二哥。

田焕科是个急性子，做事雷厉风行，可遇到二哥这件事却急不得恼不得。急，心里有事，觉也就睡不好。同是拆迁干部的妻子郝爱玲心疼丈夫，也知道他那坏脾气，她给田焕科出主意："我觉得你可以用手机短信先沟通沟通看看。"

田焕科并不觉得这是个什么好主意，但这样可以把晚上的休息时间利用上，他现在太缺时间了，就试着用短信跟二哥的武姓妹子沟通。让郝爱玲都惊奇的是，田焕科嘴里说的话，一旦变成文字，柔软多了——

武姐你好：

我是动迁组长田焕科。本次动迁方案是市人大常委会经过法律程序通过的，具有法律效力，要多大房子，花多少钱，方案里说得很清楚，我们动迁小组也多次和你及其他家人讲过。

　　我们考虑到朱命子的实际情况，可以让他先选新房，后腾旧房，作为家人和监护人，你应该为他做决定呀。你放心，只要在方案允许的前提下，我们绝对会全程帮助二哥选房、搬家，并为他积极争取搬进楼房后的物业、取暖费用。

　　你不必担心，二哥本身就是政府应该关心的对象。前天，我已经给他上报了困难户。说句心里话，二哥是经历过一次搬迁的，你不觉得这次搬迁和上次不同吗？这次北梁拆迁包括了我们耐火厂宿舍是天大的好事，也是你们家的大好事，政府已经竭尽全力去办这件好事了，我们应该理解政府、配合政府……

　　短信的往复中，每天的走动中，朱命子也跟这个成天喊他二哥的田焕科慢慢熟了。他的两个妹妹的态度也在转变，从干脆不让拆渐渐变成怎么拆。这是一个复杂的家庭，两个监护人和这个朱命子属于同母异父的关系，她们不断提出各种要求：期房绝对不行，现房的楼层太高不行，二哥离开了他的破烂不行，新房的位置要靠东边……

　　田焕科更急，他倒不是急二哥这边的拖沓，而是唯一的现房——惠民小区可供选择的房源越来越少了，拆迁户们都在争抢房子。拆迁办面对的也不是一个特殊的二哥，需要照顾的困难家庭实在是太多了。等到二哥的两个妹妹下定决心看房子的那天，恐怕最佳时机已经错过，她们想要的房子怕是没有了。

　　从来不求人的田焕科为了一个二哥开始求人。费了很大的周折，他才勉强帮着二哥弄到一户一楼的中户，那俩姊妹看过后又否定说：中户不行，门离西户太近，二哥犯病时会吓着西户的人。田焕科又舍下脸去找，由于叫惯了"二哥"，他跟别人说的时候，时不时把二哥两个字挂在嘴上，别人都误以为这个朱命子跟田焕科真就是兄弟。

10月18日，在田焕科的努力下，二哥和两个妹妹终于选到了满意的房子。事情远没有结束，为了帮二哥熟悉去新家的路，签完协议的第二天，田焕科和拆迁小组的人早早来到二哥的家，可等他们到了的时候，二哥早就没了影儿……

第二天，他们来得更早，二哥恰好刚跨上自行车，拆迁小组的两个年轻人王大伟、沈月军，加上二哥的两个妹妹前边堵、后边拽，还不停地喊着、哄着。二哥有些毛，想跑。可前边是他骑着自行车的两个妹妹，后边是开着车的田焕科，左右两侧是走一阵跑一阵的王大伟和沈月军。

走出几十米远，二哥忽然刹住车不走了，两个妹妹忙掉头哄他，同时小声对王大伟和沈月军嘀咕："别跟得太紧，你跟紧了，他就不走了；也别离得太远，远了，他就跑了。"

王大伟和沈月军就这么走一阵跑一阵地跟着二哥。逢到二哥想跑的时候，几个人又是揪揪扯扯地哄上一阵。也就一公里多长的路，整整走了一个多小时。看过房子，二哥的情绪稳定多了，他那张没有表情的脸上也有了几丝喜色。

二哥的东西谁也不能动，搬家就成了一个很大的问题。为了避免刺激到二哥，他的两个妹妹建议趁他不在的时候给他搬家。二哥乱七八糟的东西太多了，尤其是那个锁着门的老式立柜，三个人都抬不起来，想打开立柜门，钥匙却在二哥的手里，撬锁头又怕二哥犯病发毛。田焕科左右看看对他的两个妹妹说："我看这么办，咱们把立柜后边的那块板子取掉，把东西倒出来，等搬过去后，再把东西放回去，重新钉好立柜后面的板子，他也看不出来。"

二哥的两个妹妹当场连说："好，好，好办法。"

二哥的全部家当都装上车后，田焕科揉着自己的腰说："头一回搬这样的家！"搬家公司的司机笑着说："看你们都搬了点甚？全部加起来连个搬家费都不够。"

忙乎到傍晚，二哥新家里的东西都各就各位了。从屋里出来，夕阳已映红了惠民新区西边的楼群，满嘴都是水泡的田焕科点燃一支烟，很是惬意地吸了一口说："咳，总算把二哥的事儿办妥了！"

"一省人"老梁

梁明亮，60岁，离婚独居，外号"一省人"。

邻居们说："他是个间歇性精神病人。常年打老婆骂儿女，直到老婆实在忍受不了，离了婚。"

亲戚们说："他不和我们来往已经好多年了，就因为他脾气暴躁，三句话不对就骂人，还动手打人。"

他闺女说："他和我妈离婚后，我看见我妈可怜，就接到我家，让他知道了，跑到我家来，从头到脚把我骂了个够，我是又气又怕，他打人都打出名来了。"

他儿子说："我没法儿和他一起住。我离婚后，想着他岁数大了，需要人照顾，就搬回来跟他一起住。可他三天两头的不是骂，就是不说话，反正见不得我。我实在忍受不了，一气之下就搬出来，租了个小房子自己住。我没有见过这样的父亲，连自己的子女都容不下，好赖话都听不进去。家里的事情要是由着他还好说，不由他，那就麻烦了，任你说破个大天，就是不行，我算服了。他呀，独惯了，就是个'一省人'。"

邢莉，三十多岁，白净斯文，市二十八中支部书记，抽调干部之一。教师出身的她常年跟学生、老师们打交道，她怎么也想不到，自己入户的第一户人家就要面对这么一个人。还没等进那家的门，"一省人"这个名字已经快把耳朵磨出茧子了。

邢莉硬着头皮推开了"一省人"梁明亮家的大门。进了院子，她略感意外，原以为一个男人，又是多年一个人生活，院子里肯定乱七八糟的。没想到院子拾掇得干净利落，窗台上整齐地摆放着许多盆花，能看出这个"一省人"每天都精心打理这些花。不仅窗台上有花,院里靠墙根儿的地方还种着草,绿绿的,让人赏心悦目。

听到大门响,老梁走了出来,打量着邢莉。邢莉自我介绍后,老梁也没往屋里让她。

邢莉笑着说:"梁大叔,你这花养得好啊!"老梁又瞧了瞧她说:"我知道你是来做甚的,不要绕弯子,也不用费那么多唾沫星子了,我不想听,也不跟你们谈,更不用说拆我的房子了!"

来的路上,邢莉想过很多方法,这么开头也是即兴发挥,可她没想到还没等自己说到正题上呢,被他一句话顶到了南墙上。从进了这个院子,邢莉就有好感,甚至是一种亲切感,她觉得一个喜欢花草的人,应该热爱生活、珍惜生活。她依旧笑着说:"那是为甚?你就不想住楼房?"

老梁眼睛一瞪:"住楼房?当然想了,可我觉得共产党对我不公道,你看看我这房,看看我这院子,你再看看他们那些烂房房,凭甚补一样的钱?这还像不像共产党的社会了!"他一边说着一边挥舞着手臂,样子挺吓人。邢莉的心扑通扑通地跳,她想起了老梁闺女说过的话,也想起了老梁亲戚说过的话——三句话不对就骂人,甚至打人。但邢莉也从老梁的话语中,听出了老梁有点文化,也清楚补偿方案的大致内容,关键是,他也想着搬家。

想到后者,邢莉跨前一步,笑着对老梁说:"大叔,没想到你这么了解政策,除去这,你还有甚想法?"老梁说:"甚想法也没有,你快给我回去哇!还是那句话,我不想听你说,也不跟你们谈。"邢莉还想说什么,老梁转身"砰"的一声关上了门。

第二天,邢莉有意绕开老梁家,去做下一家的工作,忙活到中午,才从那一家出来。到了巷口,邢莉看到老梁坐在石墩子上抽烟,就打招呼说:"大叔,吃了吗?"老梁瞅瞅她没吱声。

邢莉原本想再跟老梁谈一谈,快走到老梁身边时,她忽然变了主意。老梁也以为邢莉又要跟他说话,没想到邢莉径直从他身边走了过去。邢莉眼角的余光瞟见老梁有些诧异。

接下来的几天，邢莉每天都要到梁上去，也时不时能碰到老梁，每次见到老梁，她都笑着打招呼，却不再提征拆的事。老梁也板着一张脸不说话。老梁家的院门有时开着，有时半开着，邢莉也没有跨进那个院子。

组里的那几个人见邢莉不去老梁家，还以为她退缩了。小刘说："邢姐，你咋不找老梁谈了？不行我们几个跟你一起去，看他还能把我们吃了？"

邢莉笑着说："我在学校是支部书记，经常做人的思想工作，'一根筋'的人也遇到过，就说这个老梁吧，我们要是天天盯着他，跟他谈征拆，效果不会太好的，没准他会来个狮子大开口，工作更不好做。先冷冷他，你没发现，他家的院门每天都开着吗？"小刘说："那有什么奇怪的。"邢莉说："我问他们街坊邻居了，他家的院门不常开，最近一段，逢到我们上来的时候，院门就开了，他是想打听征拆的情况。"

小刘诧异道："我还以为……"

邢莉笑着说："你以为啥，我其实天天都在琢磨这个老梁呢。磨刀不误砍柴工，急什么。"

小刘笑了。

这天上午，邢莉和小刘去了老梁家。老梁说："我要三套楼房，必须是惠民新城的楼房，两套90平方米，一套65平方米，必须都是三楼，如果三套房的钥匙放到我的手里，我立马腾房。否则，你们也不用费那工夫了。"

听到这个条件，组里的几个人直摇脑袋，邢莉却说："我们的工作还是有了进步，刚开始是不听、不谈、不搬，现在他已经听了、谈了，就差搬了。"

老梁的产权房面积不是很大，但他的自建房面积却不小，两样加起来有100多平方米，按政策规定只能置换两套90平方米的楼房，他提的要求远远超出了政策规定，根本就行不通，也是不可能的事。

在接触的过程中，邢莉发现老梁挺关心国家大事，对国家的政策了解得也不少，也慢慢知道了老梁的暴脾气与他的经历有很大关系。邢莉照旧去老梁家，老梁还是死咬着他的条件，拆迁没有丝毫进展。偶然一天中午，邢莉和几个组员从一家住户出来去老梁家，刚走到老梁家门前，就看见老梁踩着梯子爬在两米多高的墙上修理电闸。

看着颤颤悠悠的梯子，邢莉的心跟着颤悠起来，她急忙过去扶住梯子说："大叔，快下来！这么大岁数了，还敢爬那么高，多危险！"

老梁说："没电了，我到现在还没吃饭呢。"

组员小周说："大爷，你下来，我给你弄。"老梁已经鼓捣了一阵儿了，但家里的灯就是不亮。听到他的话，老梁从梯子上爬了下来，小周上去三下两下弄了弄，对老梁说："你去看看，应该有电了。"老梁回屋试了一下，果然来电了。

小周说："电闸线旧了，我下午拿新线给你换了，下回遇到这些事儿给我们打电话，可不要自己瞎捅鼓，闸也不拉，看被电着的。"

老梁低声说："那，谢谢你们了。"

从老梁家出来，邢莉有些激动："你看，老梁也会说谢谢呢！"这以后大家有事没事都去老梁家看看，顺手帮着做点什么。老梁虽然还是说不多，但明显地感觉到他和以前不一样了。

这天傍晚，快下班时，老梁来了。邢莉问："大叔，你今天咋得闲了？"老梁吞吞吐吐，欲说又止。邢莉笑着说："大叔，你这是咋啦，有啥事需要我们帮，我们现在就过去。"老梁说话了："要是刚开始那会儿，打死我也不会跟你们说的，我不相信你们。你说也挺奇怪的，这两天，我要是有一天没看到你们，就觉得寡落落的。唉，几十年都没有这种感觉了。"

邢莉笑了，她说："我刚开始进你家，挺发怵，现在从梁上下来，不自觉地就去了你家，人和人都是处出来的，大叔，你说哇，能帮上你，我们也高兴。"

原来，老梁过去办房屋产权时，为了少花钱，有意把面积写少了。摸底调查阶段，他还不十分清楚补偿政策，又怕自己那点小聪明招来麻烦。现在的征拆政策明明白白地写着"征一补一",他明知自己亏了,也只能硬挺着不松口。邢莉他们天天往他家跑,不时地给他帮点小忙,这么多年了,除去这些人,好像再没有其他人帮过他。周边的邻居们一天天少了,老梁虽说不跟他们打交道,但出来进去的他总要竖起耳朵听他们讲什么,听来听去,他发现大家都说政策好,也没有哪家得到过特殊照顾。

老梁有些后悔,后悔当初的小聪明,后悔自己对待摸底调查人员的态度。

老梁也庆幸,要不是邢莉他们,自己几乎堵死了和征拆人员沟通的渠道。

老梁也有些惭愧,自己做得确实过分了……

邢莉听完老梁的叙说,什么也没说,拿起电话就联系测绘组、纪检督察人员。现场一测量,果然少了20多平方米,一算账,给老梁找回了4万多元!

第二天一早,老梁来了,他握住邢莉的手说:"闺女,我决定签字了,你说咋办就咋办吧,我信得过你!"

您的阁楼包在我身上

北梁拆迁不仅仅牵动着居民,身临其境的动迁干部们不知不觉也把自己的喜怒哀乐融进了工作当中。

老北梁高连伟的爱人是三官庙社区的群众代表,积极配合拆迁工作,她选好了一户四楼的现房。刚选到房源时,想着可以离开北梁住上新楼房,心里的高兴劲儿就别提了。可没过多久,听到这个邻居如何拿到一套满意的房子,那个邻居又如何选到一处合适的小区,她开始了比较,这一比较,心里就有了反复,总感觉自己选得早了,吃了亏。儿子也责怪她选房太着急,应该要一个带阁楼的五楼,比现在的四楼还多一个房间,多划算!

邻居众说纷纭,家人埋怨唠叨,一点点消解着她原有的满足感。久而久之,她变得越来越烦躁不安,这天,她硬着头皮一早就来找征拆干部。

"小王，你们这么早就来了！"高连伟的爱人看到有很多苍蝇，拿起苍蝇拍说："我来帮你们打打苍蝇。"

"不用您，现在要是不让我们闻到这'北梁味儿'，看不到苍蝇蚊子，还不习惯了呢。"征拆干部王静渊风趣地说。

"瞎说，谁愿意闻这味儿！"

"阿姨，房子还满意吗？"王静渊察觉到她好像是有什么事儿。

高连伟的爱人带着试探的口气说："我想换房，想换一个带阁楼的……"

"您选的四楼不是挺好的吗？怎么还要换？"王静渊看着她。

"我儿子想要带阁楼的房子，我也想……"知道自己理短，又不好意思，她也只能提提儿子了。

王静渊一听脑袋就懵了！他的眼前立刻呈现出办手续的每一个细节……换房子，意味着这套烦琐的程序要重新再走一遍。

他迟疑的片刻，高连伟爱人忐忑起来，她当然知道办理手续的麻烦，就又着急又心虚地说："小王啊，你是不知道，我这几天真发愁，虽然选了一个新房子，可是不称心哇。那五楼，带一个阁楼，多好，多了一间屋子，还有楼梯。我这辈子要能住上这样的房子，就满足了。"

"阿姨，您确定要换房子？"王静渊问。

"想换！真的想换！"高连伟爱人兴奋了。

看着高连伟爱人急切的表情，王静渊想，老人这辈子可能也就只有这一次换房的机会了，自己就是再麻烦，也要帮帮她！

王静渊拿出基础信息表，认真地为高连伟爱人重新填写了基本信息后说："阿姨，这儿的手续办好了，其他手续我跟您一起去办吧。"

"好，好！"看着重新填写好的信息表，高连伟的爱人如同看到了新的阁楼，充满了希望。

走出小院，王静渊骑上摩托车载着高连伟的爱人和她的阁楼梦去找动迁组长杨亦武审核签字。

　　十月的阳光，为王静渊披上了一身暖色，坐在后座上的高连伟妻子，内心深深地感谢视她如亲人的征拆干部。十几分钟后，到了动迁组，高连伟的爱人看到的都是熟悉的面孔，邻居们都为拿到自己喜欢的房子而抢着办理手续，杨亦武更是忙得不可开交。

　　"小王，你说杨组长能给我们签字吗？"高连伟的爱人看到来这里办手续的几乎都是还没有落实房源的人，而自己是要换房子的，她有些紧张。

　　"放心吧，我给你办。"小王说完挤过密集的人群，对杨亦武说了高连伟一家人的情况，说明了在拆迁工作中高连伟一家配合拆迁组在邻居之间做了很多工作。"杨组长，我保证信息表上的内容完全属实，如果有问题，我负责。"

　　杨亦武看着满头汗水的王静渊，心里突然喜欢上了这个年轻小伙子，虽然这段时间王静渊为了北梁居民没少给他找"麻烦"。

　　"好，我给你签字。不过你还要到办事处审核盖章。"

　　"杨组长，我知道还要找纪委监察组审核。"小王笑着说。

　　"你要有耐心，反复做这项工作很麻烦的。"

　　"不麻烦。他们也不容易，这辈子也就这么一次机会了。"

　　高连伟的爱人在一旁听着，不知说什么好，只是连连说："是了哇，是了哇，这娃娃把我想说的话都说出来了，给你们添了这么多的麻烦，谢谢你们，太谢谢你们了！"

　　从办事处和监察组盖章出来后，高连伟的爱人高兴地说："这回办完了吧？"

　　"还没办完呢，咱们还得返回到办事处和选房大厅重新修改信息，才能再选房啊。"

　　看着太阳已由耀眼的光芒变成了如枫叶一般的夕阳，高连伟的爱人有些不解地说："这么麻烦啊！之前我的那套手续也是这么办的？"

　　"是呀，所有的工作流程一步都不能少的。"

"真是麻烦你了，小王。"高连伟爱人愧疚地说。

"阿姨，你跟我客套啥呀，只要你满意就行。好了，我们赶快再去办手续。"

虽然已临近傍晚，但是办证大厅的每一个窗口前仍是人山人海。王静渊与高连伟的爱人排着队耐心地等待着。额头上的汗珠就像不停歇的雨，一串一串地往下流，把王静渊的眼睛都浸红了，衣服如同水洗了一般，像膏药一样紧贴在身上。跑了一天的王静渊口渴难耐，他让高连伟的爱人继续排队，自己出去了。不一会儿，他拎着十几瓶水回到办证大厅，他递过来一瓶水说："快喝点吧。"

"买这么多水？"高连伟的爱人问。

"哎，工作人员顾不上喝水，也给他们买点儿。"

高连伟的爱人想到自从北梁开始征拆，王静渊走进她家门的那一天起，她从来没有给他端过一碗水，点一支烟。如今，他还要为她换房子的事受累不说还要自己掏腰包请大家喝水，虽然钱不多，但这情义……高连伟的爱人眼睛里有了一汪潮湿，她紧咬着嘴唇，忍着不让眼泪流出来。终于排到王静渊了，他将信息表递给工作人员。

"你们要的阁楼在计算上有错误！"办证大厅的工作人员对王静渊说。

"有问题？"王静渊焦急地问着。

"刚出台了一个阁楼的新的计算方式，我这里也没有公式，你去拆迁指挥部问问吧，可能还得交点儿钱。"

王静渊拿着这张满是公章的表，退出了排了一个多小时的队伍，愧疚地看着高连伟的爱人。这时，高连伟的爱人突然往地上一坐，大声哭起来，这声音有如磁铁般将周围人的目光都吸引了过来。王静渊被她的举动吓了一跳，赶忙扶起她说："阿姨，别哭啊，又没说不给你办！"

眼看着带阁楼的房子要办不成了，而且还要再交钱，她看着已是满头大汗的王静渊，终于忍不住号啕大哭了，边哭边说："你们这是为民办事吗？我就想换个楼层，怎么这么难，不给就算了，连交钱都不知道怎么交！"她指着王静渊说："你们看看，把人家小王累成什么样了，跑了一天了，整整一天，就为我家的事，我不忍哪。"她哭着对王静渊说："我不办了，不要那阁楼了！"

"阿姨，您冷静一下，这事哪能怨人家！相信我，您的阁楼，包在我身上！"王静渊果断地说："咱们现在去拆迁指挥部！"

……

几天后，高连伟家的房子换成了带阁楼的新房。

一面锦旗送总理

老人叫朱治华，我们采访的时候，她一直流着眼泪。

老人今年 76 岁了，住在三官庙社区三道巷 21 号院。

三道巷子里的人，都叫她老主任——老人先后当过七年的居委会主任。

朱大娘和她的老伴都是从一个建筑单位退休的。她说，他们一辈子一起建过厂房、学校，还盖过许多民房，却没有给自己盖过一间房子。

她现在三道巷里的房子，比她年纪还大。她在这个院子里生儿育女，她的长媳也在这里为她一胎生下两个大胖孙子。

奶奶高兴地一手抱住一个孙子，为孙子起名，大的叫大伟，小的叫二伟。

两个孙子慢慢长大了，奶奶的脸也渐渐拉长了。这又是怎么回事呢？原来两个孙子比他们的大（父亲）还笨。奶奶说：他大笨，他们比他们的大还笨——其实，父亲是智障，两个孩子也是智障。当母亲，当奶奶的不愿意说儿子傻，更不想说孙子傻，她就说，孙子比他们的大还笨。

2006 年，朱大娘遭遇了两个不幸，年初，与她相依为命的老伴儿去世了。年末，三十一岁的二伟失踪了，二孙子走丢的那天是腊月二十七，再过三天，就是大年啊！

说到这儿朱大娘哭了，一直哭到我们分手。

朱大娘说自己三道巷里的房子是土坯房子，26 平方米，是大伟的爷爷留下的。为防雨漏，年年抹房顶，房顶厚出山墙近两倍，沉重的房顶压得房梁像塌腰驼背患哮喘病的老人。房梁一"哮喘"，朱大娘就胆战心惊，生怕一家人被压在里面。

朱大娘最怕下雨，天一下雨，她的眼睛一边盯着房梁看，一边看住孙子，随时准备跑出房门。

2013 年 8 月 5 日晚上，天淅淅沥沥地下起了雨，朱大娘就一直坐在床上盯着房梁，后半夜是在太累了，才躺下身子，眼睛还是盯着房梁，看着，看着……她看到走丢了六年多的孙子二伟回来了，她抱住二孙子，一直不撒手，怕他再出门走丢了。

二伟说："奶奶，你撒手，我是回来救我哥的……"

屋外，雨越下越大，"哗哗"的雨声把朱大娘惊醒了，她怀里紧紧抱的不是孙子二伟，而是一个枕头。

原来她做了一个梦！

朱大娘再也睡不着，盯着不时"嘎嘎"作响的房梁，想着梦里的二伟。二孙子好像比六年前长高了，长得也白净了，看来他生活得不错，可惜没有来得及问，他这些年去哪儿啦？

朱大娘想着二孙子一直到天明，外面的雨还在下，她嘴里嘟囔：这老天好像塌了底了，没完没了，咋办呢。

雨，一阵儿大一阵儿小，一直到中午还没有停下来的意思。朱大娘准备午饭，她站灶台边削土豆，孙子大伟坐在小板凳上看电视。电视里正播着《西游记》，大伟别的电视剧看不懂，就爱看《西游记》里的猪八戒。这时候马德华扮演的猪八戒正被孙悟空骗进水井里，用金箍棒一上一下在水中戏弄，八戒在井水里求孙悟空："猴哥，你救我呀！"

大伟认真地看着，傻傻地笑。

朱大娘站着削土豆皮，腿有点儿麻，就喊："大伟，把小板凳给奶奶坐坐，笨得一点儿也不知道心疼奶奶。"

大伟眼睛还在电视里，用脚把小板凳推到奶奶脚下，歪到沙发上看到猪八戒水淋淋地被孙悟空拽出水井，"呵呵"地傻笑。

这时候，奶奶好像听到院门外有人叫一声"哥，大伟！"她走出房门，突然听到身后"轰隆"一声巨响，急忙返回屋里，孙子已被埋在倒塌的房梁下，一双眼睛看着奶奶，手指着院门："二伟，二伟他、他又走啦。"

朱大娘悲天怆地的哭喊，引来了街坊邻居，大家忙着救人，忙着给119和120打电话，十几分钟后，急救中心来人了，消防车也开来了，消防员们从废墟里救出大伟，还帮助朱大娘做了一番清理。

大伟的一条腿被房梁砸断，捡回了一条命。

朱大娘想起凌晨做的那个梦，难道冥冥中真的是二伟救了哥哥大伟一命吗？

老屋是不能住了，在单位的和街坊邻里的帮助下，朱治华老人在院子里盖起一间砖房，房顶是预制板的，不用再担心漏雨了。老人心想，这个新建的房子是她今后的一个窝啊。

可是，没过两个月，北梁上开始吵吵，要拆迁啦！

拆迁？北梁拆迁吵吵十几年啦，谁来拆迁？谁见拆迁了？鬼嚼吧。

北梁人不相信，朱治华也不相信，再说，自己刚刚盖的新房子，你说拆就拆啦，拆了我到哪儿住去？

拆迁干部来了，给她讲拆迁的政策："大娘，您这个房子是26平米吧？按规定能给您一套50多平方米的楼房呢。"

"那得多少钱啊？我可拿不出一分钱，钱全用在盖房子上啦。"

拆迁干部说："不用您拿钱，连装修的钱都不用拿，房子都装修好了，您老搬进去住就行了。"

朱大娘不相信，那么好的一套楼房，一分钱不拿就给你了，做梦吧？

拆迁干部笑了，拿出拆迁文件，一条一条讲给她听，朱大娘却还觉得这不过是一个梦。

按政策朱大娘能分到一套58平方米的楼房。查验她的户口时，发现她的孙子大伟的户口随他父亲，是属于另一户人家。按政策应该再给大伟一套廉租房，50平方米。因为大伟是智障残疾人，政府还要拿出两万元钱记在大伟名下，作为商业投资，每年有百分之八的利息，三年后，连本带息全部交给王大伟。

这真是天上掉下了馅饼啊！

这哪是馅饼，是天上掉下来的金疙瘩啊！

朱治华老人在惠民新城分到了一套58平方米的楼房。

她的孙子王大伟分到了一套50平方米的廉租房，也在惠民新城。

"土房换楼房，一套换两套，做梦也想不到啊！"朱治华老人难掩自己的高兴。

朱治华老人是第一批拆迁户，也是第一批入住惠民新城的北梁居民。

老人一直流着眼泪对笔者述说着，她的眼泪是苦楚的泪，更是幸福的泪，感激的泪！

老人打心眼里感激政府，感激李克强总理，她特意制作了一面锦旗，上面是老人家发自肺腑的心声："感谢总理，感恩政府！"

这面锦旗由拆迁干部交到街道办事处，办事处送到了北梁拆迁指挥部。

这是北梁拆迁中收到的七百三十八面锦旗里最特殊的一面！

姐姐，我信得过你

当门冬梅知道自己被抽调到北梁征拆工作组时，内心多少有点儿不情愿。单位有年轻人不用，而她近50岁的人了还被抽调出来，挨家入户地做搬迁户的工作。谁不知道天下最难做的就是人的工作，而拆迁是关系百姓生活的第一大事，不仅要掌握好政策，还要与拆迁户搞好干部与群众的关系、百姓与百姓的关系。门冬梅很清楚自己是一个热心肠的人，见不得可怜的人和事。她还要照顾年迈的母亲，况且最近母亲身体不太好，隔三岔五地往医院跑。

门冬梅刀子嘴豆腐心，最怕软缠硬磨。北梁征拆工作的硬性指标像是一面镜子，告诉她必须细致耐心，心，还得硬点儿。于是，她对着镜子说：征拆干部，我当定了。

门冬梅遇到的第一个拆迁户是一位中年妇女，她经历过三次婚姻，送走了两个去世的丈夫。婚姻与家庭是女人能够有自尊、自信地生活在社会群体中的重要保障。对于这位不幸的妇女，门冬梅以一个女人的心去同情她、理解她，甚至于有些心疼她。门冬梅见不得可怜的人，见不得在可怜的人身上发生可怜的事，女人本身就是弱势群体，而眼前这个女人要面对的不幸更让门冬梅心痛不已。干部与群众的角色转变为百姓与百姓的角色，需要一颗理解的心。于是，门冬梅发挥出她在工作中最高的效率，帮助中年妇女将她原有的89平方米的平房和一些自建面积，换了一套90多平方米的楼房。中年妇女对门冬梅感激不尽，姐姐长姐姐短地称呼她，俨然成了朋友。中年妇女苦涩的脸上露出的微笑，让门冬梅更加热爱这份工作，她做事有始有终，中年妇女现住房除了可以换一套楼房之外，还能得到6万多元的拆迁补偿款。

不管是征拆干部，还是老百姓或是中年妇女的好姐妹，门冬梅似乎已经忘记这些身份，她心里面装的就是如何让可怜的中年妇女能够获得更多的财产保障。而她的现任丈夫却对门冬梅的热情有了另一番考虑。他要比他的老婆上心，每一项征拆补偿条款，他都会认真琢磨，认真询问，向门冬梅所提的问题远比中年妇女多得多。用他的话讲，他女人不"机迷"，家里的事还需要他来做主。门冬梅对这个男人的认真感到欣慰，毕竟家里有个操心的人，女人会很省心的。可是，她没有办法接受他对自己妻子的评价，不"机迷"咋地了，再不"机迷"也是你老婆。

等征拆补偿手续快要办完时，女人的丈夫悄悄走过来对门冬梅说："我媳妇没主见，我看就把新房子的户主改成我的名字吧。"门冬梅那根善良的神经立刻绷紧！她的女性朋友很多，但是还没有见过这么不幸的人，连遭两次丧偶，这第三个男人，现在图的却是女人唯一的财产！性格直爽的门冬梅非常鄙视这样的男人，她立刻拿出征拆干部的身份，严肃而明确地告诉这个让她生厌的男人，按照规定，必须以原户主的名字办理，除非是户主有这个意愿，而且需要出具相关法律证明才能更改。男人被拒绝了，他以为所有的女人都会像依赖他的中年妇女那样容易被说服，门冬梅严肃的表情猛然让他产生出一丝畏惧。

在门冬梅的帮助下，拆迁手续办得很顺利，中年妇女顺利拿到了 6 万多元的补偿款。回来的路上，门冬梅总是忘不掉那个男人那双充满贪欲的眼睛，她必须要以女人与女人之间或者是站在同样是母亲的角度，说几句善意提醒的话。虽然在征拆工作中，门冬梅为了与北梁居民更好地沟通，聊家常、聊闲事也是平常事儿，但这仍属于工作范畴之内的事。而现在她要对女人说的话与工作沟通毫无关联，况且她对这户的征拆工作已经完成，正常的程序应该是集中精力做好下一户的征拆工作。门冬梅就是这副热心肠，她要让这个女人明白，不能傻呵呵地任人摆布，她知道等她一离开，男人会继续说服女人更改户名，还有这 6 万元补偿款的事儿，之后也许会对女人摆手说再见。

门冬梅拽住了迈着欢快脚步的中年妇女说："大姐，有些话我想跟你说说。"

"说哇么，咱们姊妹还有甚不能说的了。姐，我信得过你。"中年妇女还沉浸在快乐中。

"给你的新房是你的，你可别转到其他人名下！别忘了你还有个儿子呢，他还没成家，你得多考虑考虑你和儿子。"门冬梅握住女人的手继续说："还有这 6 万多块钱，你可要存好了，以后自己和儿子有个着急事，还能用用，可不能给别人花了。"

中年妇女脸上的笑容开始消失，她想起了死去的丈夫，还有和她丈夫长得一个模样的儿子。她想起现在的丈夫和他带来的女儿曾向她提出更改新房户名和开洗车行要用钱的事情，女人流泪了。她突然好想念已逝的丈夫，前一个也好，后一个也好。她又想到了她的儿子，如果这孩子的父亲还在，现在考虑的应该是用新房子和补偿款为儿子娶媳妇了。

看到这个女人想明白了，门冬梅终于放心了……

上楼摘月儿，下楼栽花儿

2013年10月4日，星期五，是这个月的第一个主嘛日。

主嘛日是回族群众的礼拜日，他们往往选择这个日子操办家里最重要、最有意义的事情。家住三官庙社区的马凤琴这天要做两件大事：一是送餐到先明窑子小学，请动迁组的干部吃油炸糕；二是"挪灶"搬家，到惠民新城住新楼房。

马凤琴早早起来就点火做汤，羊肉丝下锅，再加入黄花菜、木耳、粉条、菠菜、葱姜。汤锅在一旁"咕嘟咕嘟"翻花，马凤琴在面案上揉面，她要蒸十个花卷，炸十个油旋子，表达"十全十美"的意思。她一边干活儿，嘴里还指挥着在一旁转悠的丈夫："你还磨蹭甚呢？快去把定下的油糕取回来呀！"

丈夫推上自行车走了，不一会儿取回来五斤油炸糕。

一辆手推车，丈夫在前面拉，马凤琴在后面推。厚厚的棉被捂着车上的汤锅、油糕、油旋、花卷。四十分钟的路，爬坡穿巷，夫妻俩来到了先明窑子小学。热腾腾的一盆汤摆到桌子上，一个个花卷、油旋、油糕递到拆迁干部手上。大家看看手里的油糕、粉汤，看看笑盈盈的马凤琴夫妇，再看看负责人马红霞，谁也不张口。

拆迁干部谁都知道，马凤琴家的日子难过啊。她丈夫患着严重胃溃疡，天天站在桥头打零工，一个月也就挣个千儿八百的，儿子上大学只读了两年，家里拿不出钱辍学了，现在还待在家里没工作。谁还忍心吃下眼前的这油糕、

粉汤呢？

可这份热腾腾的情意和真诚又怎么能拒绝呢！

马红霞知道，有明确的纪律规定，拆迁干部不能喝群众的一杯茶，抽群众一根烟。马红霞也明白，马凤琴夫妇的这份盛情是绝推不过去的。多年社区工作经验了，马红霞知道怎么做——她首先端起眼前的那碗热汤，先喝了一大口，说了声"香"，又咬了一口油糕，连连说"香，真香啊"！

大家看了一眼马红霞，心里明白了，个个端起碗喝了起来。在一片"吱溜吱溜"声里，马凤琴给这个人碗里添汤，给那个人手里递糕。她看着大家吃着喝着，眼睛里的泪水在打转，这是幸福的泪水、感激的泪水，这是几十年渴盼搬出低矮土房，搬出北梁，住进新楼房的激动的泪水啊。

有一首童谣唱道：

小小子儿，坐门墩儿，
哭着喊着要媳妇儿。
要媳妇干嘛？
点灯，说话儿，
吹灯，做伴儿。

马凤琴坐门墩儿的那个年代，她的妈妈把这个童谣换了个词儿给她唱：

小丫头儿，坐门墩儿，
哭着喊着去住楼儿。
住楼干嘛？
上楼，摘月儿，
下楼，栽花儿。

"上楼，摘月儿，下楼，栽花儿"，是马凤琴母亲的梦，母亲知道圆不了这个梦，就盼望她的女儿能圆这个梦！因为马凤琴的生活艰难，就只能把这个梦寄托在未来的丈夫身上。住在北梁，那就是住在"贫民窟"，上不起学，也找不到个工作，一个住在"贫民窟"的贫困女子能嫁到住楼房人家里吗？她最终嫁给了一个与她一样家境的丈夫，住楼房的梦只好寄托在他们小两口勤俭辛劳的日日夜夜里。儿子降临了，这个梦推迟了，女儿生下了，这个梦又推后了，然而梦依然是他们最灿烂的明天。养儿育女，夫妇二人的负担更重了，生活压力大，加上营养不良，丈夫的身体一天不如一天，马凤琴的梦彻底熄灭了。

后来，马凤琴有了女儿，也常常把母亲唱过的童谣再唱给孩子听：

> 小丫头儿，坐门墩儿，
>
> 哭着喊着去住楼儿。
>
> 住楼干嘛？
>
> 上楼，摘月儿，
>
> 下楼，栽花儿。

马凤琴唱这段童谣的时候是无奈而苦涩的，含着泪的。

北梁改造吵吵了十几年了，听说总理都两次来过北梁，说的也是拆迁改造，可是啥时候拆迁，她总觉得那仍然是很遥远的事。

这一天，真的就来了。

2013年9月，当拆迁干部来到自己家，面对面讲拆迁政策的时候，马凤琴不相信自己的耳朵，当看到政府《致全体拆迁户的一封公开信》的时候，她还是半信半疑，哪有一分钱不用拿就住楼房的好事情？

先明窑子小学如今成了回民区办事处三官庙社区的拆迁办公室，校园里人来人往，有来看政府文件的，有来询问拆迁政策的，还有来法律咨询的。

马凤琴天天来这里,很快就明白她家按政策可以住进50多平方米装修好的楼房,自己一分钱不用掏,那政策写在政府文件里,也挂在每一个拆迁干部的嘴上,写的说的一字不差。

马凤琴看见干部太辛苦,不停地说话,嗓子都哑了,还常常喝不上水。她就天天来学校烧水,打扫办公室,扫院子,看到一天到晚忙忙碌碌的马凤琴,拆迁干部们都以为是社区派来服务的,社区又以为是拆迁办雇的帮工。后来才知道是她主动来为拆迁干部服务的,大家都不好意思了,见面都亲切地称她为"马大姐"。

11月的一天,我们在回民区办事处采访马凤琴,她的六岁小女儿穿戴一新,像一只美丽的花蝴蝶,一直微笑着依偎在妈妈身旁。

马凤琴告诉我,孩子的这一身新衣服是在搬家的时候买的,搬家的时候穿了两天,今天来见大家,又给孩子穿上。

我们问孩子会唱歌吗?

小姑娘说会,她站到我们面前边跳边唱,像一只幸福的蝴蝶:

> 哇哈哈 哇哈哈,
> 我们的祖国是花园,
> 花园里花朵真鲜艳,
> 和暖的阳光照耀着我们,
> 每个人脸上都笑开颜。
>
> 哇哈哈 哇哈哈,
> 每个人脸上都笑开颜!

第四章

要安置，更要安生

2013 年 10 月 12 日，市政府下达《包头市进一步加强东河区北梁棚户区创业就业工作实施意见的通知》。通知说：为推进北梁棚改顺利进行，促进棚户区劳动者尽快实现创业和就业，根据国家、自治区相关政策规定，结合北梁棚改实际，制定出八条实施意见。

实施意见结合北梁当地民俗特色，支持开展创业园和创业孵化基地建设，为北梁棚户区劳动者提供政策咨询、创业培训、就业援助、小额贷款、开业指导等创业服务。

明确规定，对认定的创业园和创业孵化基地按规模给予 15—60 万元资金补贴，扶持基地运营发展。为当地高校毕业生创业提供 40 万元左右的资金补贴，建成 70 个以上席位的东河区大学生创业孵化基地。对自主创业的北梁地区贫困家庭毕业生，一次性给予每人不低于 5000 元的场地租赁补贴。

特别强调，要全力帮扶"零就业"家庭，做好摸底调查，建立一户一档、一户一表的就业档案，确保不漏户、不漏人。积极主动为"零就业"家庭送政策、送岗位、送技术、送服务、送温暖，保证北梁棚户区"零就业"家庭动态为零。

从 10 月开始，政府就组织召开北梁专场招聘会、高校毕业生专场招聘会，开展"再就业援助月"活动、"春风行动"和"民营企业招聘周"活动，为北梁居民提供就业岗位、就业机会。

市人力资源和社会保障局计划投入资金 120 万元，用于北梁棚户区 6 个镇、街道办事处劳动保障事务所建设配套资金。投入 300 万元，用于开发北梁棚户区公益性岗位，安置就业困难人员。继续组织召开"北梁专场招聘会"等活动，至少提供 1000 个就业岗位。投入 50 万元配套资金，帮助建设 10 个社区家庭服务站，吸纳北梁棚户区居民通过家庭服务业实现就业。

与此同时，政府继续推进创业园、孵化基地、大学生创业、就业工作。市、区两级政府，投入 720 万元，开发 500 个公益性岗位。

安顿拆迁居民的创业、就业，是包头市、东河区两级政府开辟的另一个战场。

拆迁中最先就业的人

闫文玲在北梁上开"五元理发屋"有些年头了，有一些老客户，北梁拆迁，她自主就业，换了个地方继续开她的"五元理发屋"。

这次拆迁，她选了一套只租不售的廉租房，用理发屋的补偿金买了由政府监管的商业项目产权。三年后，产权就归自己了。今天，她又在南龙王庙街巷子里租下了两间平房，把理发店重新开了起来。

闫文玲为了节省成本就住在理发屋。我们见到她时，她正在腌酸菜。"昨天刚买了的白菜，今天先腌上。"

租这两间平房时，朋友、客户都说她走了眼，"这么深的巷子，生意怎么做得起来？"

闫文玲说："那得看是谁做。"四十八岁的她信心十足。就如她在选择要只租不售的廉租房一样，不管谁反对，也不管别人说什么，只要自己深思熟虑决定了，就绝不后悔。

现在，闫文玲的新家在惠民新城。这是她用 18 平方米的理发店换来的。就在去年年底，闫文玲租下了衙门口街这个平房开理发店，后来花 57000 多元买了下来。

闫文玲夫妻下岗多年，丈夫四处打零工，她一直开理发店，也兼做小学生数学课辅导。几年来，一家人的日子过得紧紧巴巴。买原来铺面的钱几乎都是借的，女儿今年考上了大学，每年学费加生活费，少说也要近20000元。如果买下安置房的产权，还要花将近20000元。

正是看到了安置政策中的"补偿金可购买由政府监管的商业项目产权"这一条，闫文玲动心了，"有房产本也是住，没那个本本也是住。为长远考虑，倒不如买个摊位。"这个想法一说出来，立刻招来一片反对声。有人说："你也不想想，政府监管的商业项目到底是个甚？是摊位，还是底店？要是在偏僻的犄角旮旯，压在你手里你咋办？三年以后是甚样？保不保险？"

闫文玲想，政府的政策白纸黑字大家手里都有，如果连这个都不信，还能信什么呢？她最后决定不要房屋产权，要摊位。"这三年每年还有不低于8%的收益率，像我们家这样的情况，不仅能缓解一下现在的经济压力，以后生活也有了保障。"

闫文玲的新理发店一如既往地便宜，理发5元、烫发30元。她对未来充满了希望："这三年我要充充电，做做市场调查，等三年后摊位到手再好好干点儿事情。"想到未来，闫文玲就觉得马上要苦尽甘来了，"别人都说我爱瞎乐，生活越来越好了，我为啥不乐？"

崔峻豪，家住西脑包后街34号院，今年24岁，土生土长的北梁小伙子，是个有头脑也有理想的大学毕业生，是东河区大学生创业孵化基地的一位受益者。他正在筹备一个房屋置业项目，打算通过他的事业帮助北梁像他一样的年轻人找到合适的婚房。

大学毕业后，他回到包头，正赶上了拆迁。家里旧房能换一套50平方米的楼房，已经登记了信息，不过今年他家的房子不在重点拆迁区域，估计要等到明年了。"今年是我的本命年。"这个80后小伙子虽然刚毕业两年，但他开网店，兼做练摊儿，工作经历也还算丰富。有了大学生创业孵化基地，还提供免费办公地点和免息贷款，他立刻想到了自己的一个梦想。

"我打算做房屋置业。"崔峻豪特别强调不是"房屋中介"。"我做这个创业项目，目的不完全是赚钱，就是为了实现一个梦想。"崔峻豪说："现在的房屋中介都'太黑'，要的中介费太高。本来北梁老百姓的经济条件就很差，年轻人买不起婚房的问题特别突出。好多小伙子，因为这连对象都找不上。"崔峻豪打算以网络、微博、微信为载体，跟有需求的北梁年轻人分享婚房信息，以最低的信息费帮助北梁的小伙子都能顺利娶上媳妇。

11月初，崔峻豪就可以领到营业执照了，10万元的免息贷款也将马上到位。他现在已经在东河区搜集到了一百多套适合做婚房的房源，正在跟北梁的五个办事处联系，搜集有这方面需求的北梁人信息。他的创业项目名字还没有起好，他说："不过我打算把'北梁''婚房'这些内容加进去。"

"政府的这个政策对于我们这些大学生来说，真是很好。我希望给像我这样的年轻人提个建议，就是不能等、靠，要主动迈出第一步，要懂得主动和就业局联系合作，和政府交朋友有很多好处，我就是一个实实在在的受益者。"崔峻豪的说法很现实。

关娜，北梁留柱窑子居民，39岁，是一位家政公司小老板。现在她的家政公司家同时挂着财神庙社区服务站的牌子。她下一步打算开办居民就业培训，还打算吸收两名北梁待业青年进入她的家政公司。

一年前，关娜还是一个普通的家庭妇女，连门都懒得出，现在的她，穿着时髦，梳着青春洋溢的歪麻花辫，满脸笑容，自信、大方。这一切都源于一年前，她参加了东河区就业局组织的再就业培训。"2012年11月，就业局到我们那里去发宣传单，告诉大家免费参加就业培训。我在家里当了两年多的家庭妇女，挺想出去工作的，但是又不知道该干些什么好，就试着参加了培训，选了家政服务的专业。"

关娜说，那十五天的培训，对于她来说用处很大。"通过听培训学校老师讲课，我发现家政很有市场。现在年轻人生活方式不同了，对保姆、月嫂、育儿嫂的需求越来越多了。"关娜之后就和朋友开起了家政公司。可因为经验不足，她经历了一段艰难的创业期。随着北梁拆迁安置工作的深入开展，东河区对家政服务业的支持力度加大，关娜的家政服务公司迎来了快速发展的机遇。从 11 月起，关娜只要与用户、服务人员签订一份协议，政府就给补贴80 元，还给家政服务人员补贴工资，又给关娜送来了一台打印机。

有了政府和政策的支持，关娜干得越来越得心应手。她把常用的两百多名家政服务人员情况都印在自己的脑子里。"我的家政公司还加盟到了包头家政呼叫中心，呼叫中心会把附近有需求的居民信息提供给我。"在做家政公司的同时，关娜还协助东河区就业局组织的培训，也能得到不错的酬劳。

关娜是政府就业扶持政策的受益者，一说起政府对她的帮助话就没完没了，她说："天天都觉得特别高兴。因为我有这么一份自己喜欢的事业，能干自己想干的事情。没有就业局提供免费培训，我就想不到要开家政公司，没有政府这么好的政策支持，我也可能干不下去了。所以我特别希望通过自己的努力，让北梁更多的兄弟姐妹能够找到一份满意的工作！"

一个养鸡户的故事

"从 1998 年开始建鸡舍养鸡，到 2013 年北梁拆迁歇业，15 年了，我们夫妇俩没有过过一天节假日。天天早上六点钟起床，晚上十点钟躺下，像两台机器一样辛苦忙碌。现在，房一拆，鸡一卖，彻底没事做了，心里反倒觉得空落落的。"张秀清说着话，神情有些黯然。

"闲下来也好，正好休息一阵子！"我说。

"是啊。赶上儿子休假，我们一家三口准备去海南玩一趟，17 号就走。坐飞机去！"她笑起来。

张秀清人如其名，目秀眉清。

"听说拆迁那会儿，因为鸡的事，你还哭了一场？"我问。

"何止一场啊？想起来就哭，我是真舍不得啊！"她开始对我讲当时的情景。

张秀清的家在北梁先明窑子 19 号院，房子是父亲的。整个院子 900 多平方米，有产权的房屋 400 多平方米。从 1998 年起，张秀清就与大哥、二哥和弟弟陪着父母一起住在大院里。她在院子里建起了鸡舍，办起了自己的产业，到 2013 年 9 月拆房子时，张秀清饲养的蛋鸡已经有 4000 多只！

本来，棚改的各项政策都很得人心，依据条款，张秀清母亲和她们兄妹 4 人可以各得一套住房，这一点尤其让人感到踏实。可是，欢喜过后就有了忧愁，而且是大忧愁！人倒是安顿好了，可这 4000 只鸡怎么办？这些鸡，可是她们一家老小的聚宝盆哪！

张秀清真是伤透了脑筋，她天天围着她的鸡舍转，一回回地打扫着、一遍遍地念叨着。一想起邻居们因为搬进楼房，不得不将心爱的猫儿、狗儿遗弃了，再看看自己的鸡，她就满眼是泪。这些可爱的鸡这些天也分外不安稳起来，仿佛知道了自己不测的命运一般，一个劲儿地叫唤，叫得张秀清心里一阵阵地发紧。

张秀清家的拆迁补偿办法八月初就出来了，都过了快一个月了，也没见政府再出台什么关于养鸡户损失的补偿办法。这是什么意思啊？要是找不到安顿鸡的地方，这家怎么能搬？就是搬了新房子，也还得养鸡啊！不养鸡一家人吃什么？可是，在哪儿养也不知道，搬迁政策里没有写，我的这些鸡又该怎么办？

张秀清思前想后，也想不出政府究竟要拿她的这些鸡怎么办。

入户干部来过几回了，她也把她的愁苦诉说过几回了，可就是没动静。眼见着周围的邻居一户户地搬走，张秀清真是心急如焚！左等右等，还是不见补偿办法下来。为了这 4000 只宝贝疙瘩鸡，她开始整宿整宿地睡不着觉。

实在扛不住了，她就主动给包户干部郑军打了个电话，询问他到底还有没有养鸡的补偿办法？政府准备拿她的鸡怎么办？鸡不走，她也不会走的。郑军安慰她说，事情已经上报了，一定会给她一个满意的答复，等等吧，正研究呢！

张秀清终于等来了郑军的电话。郑军说："张姐，王俊平片长明天一早就召集相关人员来拆迁办开会，专门研究解决您家的问题。您可以放心了，马上就有结果了。"

张秀清这才放了一半的心在肚子里。她清清楚楚地记得，王俊平片长曾说过的一句话："不能让老百姓住着高楼大厦去讨饭吃！"她相信这些鸡就要有新家了。

张秀清接到了郑军的第二个电话，说是让她去看新的养殖基地。她高兴极了，立刻兴冲冲地骑着电动车赶了过去。工作人员把她和另外几个养殖户一起带到了郊区王大汉营子村，车子一停，她就傻眼了：这是啥地方啊！光秃秃的荒滩上没有任何建筑，更别说必需的水电暖配备了！

"什么都没有，鸡来这里还能活得了吗？要是过个半年六个月建起鸡舍、做好配套设施，也许还行。可是，拆房刻不容缓，政府随便拿一处不毛之地应付我们，这不是愚弄我们老百姓吗？"张秀清心痛地说："我不搬了！"

郑军理解张秀清的心思，向她保证，立刻向拆迁办反映她的诉求。张秀清回到家中，望着鸡舍里这些可爱的小生命忍不住又落泪了：该拿它们怎么办啊？

又过了两天，郑军再次打电话给张秀清，说是补偿方案出来了，让她到拆迁办去一趟。张秀清立马就赶了过去。

工作人员对她说："我们也上网查了一下，蛋鸡是不能搬家的。一搬就不下蛋了。"

张秀清听了，心猛地一沉。这个她何尝不知道？但有什么办法呢？难道——

"不如处理掉吧!"王俊平片长说。

张秀清怕听什么偏偏就听到了什么。

"那我们一家人吃什么、喝什么去?!"

王片长继续说:"政策是这样的:每只鸡给你补三角钱的运费。你可以尽快处理掉它们。"

啊?张秀清一下就懵了:三角钱?一次性处理掉?那是蛋鸡啊!一只鸡三角钱,四千只鸡,一年我就损失二十万哪!他们处理的不只是鸡,是我的生活来源哪!鸡要没了,蛋从哪来?我们一家今后的生活费从哪儿来?三角钱够花几年?她的眼泪哗哗就流下来了,气得一句话也说不出来。

工作人员见状,急得不知如何是好,一个劲儿地解释:"张姐,我们知道这是割您的肉呢,但怎么办呢?政策就这样定的。要不,我们组的所有工作人员都喊上亲戚朋友,来买您的鸡,我们每只给您五十元?好不好?"

一时间,张秀清心如刀绞。她默默地推着电动车,离开了拆迁办。

郑军看见张秀清神情有些恍惚,不放心她一个人回家,就跟着来到张秀清家:"张姐,政策就是这样的,不可能照顾到每一家,我们大家也为您难过,也替您心疼。我们尽量帮您把这些鸡卖上个好价钱。我们会分头想办法,上网,跑亲戚,找关系,找同学,总之,一定帮您尽量减少损失。好不好?您倒是表个态啊?"

张秀清听着郑军的话,句句在理。可是,情感上就是难以接受。"鸡没了,后续的生计没了,政府就不管了?"

"管,管!"郑军连连答应:"这不是我说要管的。是政府声明要管的。政府要引导帮助搬迁居民实现再就业。"

张秀清抬起头来,看着郑军。这个小伙子也就和自己的儿子差不多大吧?这些日子以来,为她的这些事儿操心、着急、上火,真是难为他了!就是自己的孩子也未必能这么天天陪着她、开导她,知冷知热的。

张秀清突然感觉到了自己的"小"。北梁拆迁以来,所有的拆迁人员都是在为她这样的老百姓能住上新房子、过上好日子，才没日没夜地奔波着。他们没有一点私心，还常常受群众的指责埋怨，真是不容易！想想，国家是想让老百姓过上好日子，才进行棚户区改造的呀。

而这些孩子们，是为了让老百姓更早更快住上新房子、过上好日子才这样辛苦的。自己分明已经得到政策的福利了，还想着借棚改赚下一辈子的家业吗？自己是不有点儿自私了？是不是有些愧对这些工作人员哪！

想到这儿，张秀清感觉自己一下子轻松了。

来买鸡的人真还不少，从司机到交警，从教师到领导……最多的就是天天在北梁搞拆迁的工作人员。大家想张秀清之所想，急张秀清之所急，通过电话、网络，尽最大可能帮助张秀清推销蛋鸡。真是天下无难事，只怕有心人，4000 只鸡只用了四天就都卖掉了。

10 月 23 日，张秀清处理了所有的蛋鸡，从先明窑子 19 号院子搬了出来。

张秀清为我讲完自己拆迁故事的时候，显得很平静。我问她："现在还想你的鸡、想你家的大院吗？"

"想！天天梦里都是过去的事儿。早上六点还是会习惯性地起床。醒来后定定神儿，再躺一会儿。有一种放假了的感觉。"

"接下来有什么打算呢？"

"今年先歇着，多少年了也没闲过，先歇上一年半年的。还是要养鸡，想着再办个鸡场，希望政府再支持我们一把。"

我玩笑着说："政府才不管了呢！你们都住新房了，还管？"

"管！管！肯定会管的。"张秀清坚定地说。

养牛，买牛，卖牛

在西北门中义巷住着这样一对夫妻，他们风风雨雨三十多年在北梁养牛，历尽了艰难困苦尝尽了种种苦辣酸甜。可以说，他们的青春岁月是在养牛棚里度过的。

这对夫妻，男的叫王宏恩，女的叫李翠凤。夫妻俩从二十世纪八十年代开始养牛。提起养牛，妻子李翠凤有说不尽的留恋，也有道不尽的辛酸。

王宏恩家从开始养牛到现在，已经是整整三代人了。王宏恩的祖籍是山西，早在太爷爷辈儿上就开始走西口，先是到了鄂尔多斯，之后又辗转到包头郊区哈业胡同，最后才落脚于北梁。凭着山西人勤俭持家和吃苦耐劳的精神，王宏恩太爷爷的家业越做越大，于是，在西北门的忠义巷，买下了现在的这个养牛场。时光荏苒，岁月如梭，一转眼一百多年的时光过去了。到王宏恩接手养牛场时，父亲王建功由于年老体弱，已无力经营养牛场了。在父亲的主持下，把家业分给了几个儿女，王宏恩分得了三头老牛。一般来说，最好的牛是二胎牛、三胎牛，这样的牛正是旺盛的年龄，产奶量大抗病能力强。而自己这三头牛，年老体衰不说，其中的两头还是瞎子。妻子李翠凤说："刚接手养牛那会儿啥也不懂，生怕牛吃不饱一个劲儿地喂，结果两头老牛得了'鼓症'生硬给撑死了。"三头牛死了两头，没办法，夫妻俩东拼西凑借了3000元钱，又买了一头牛。就靠着这头牛，王宏恩夫妻将仅有的两头牛慢慢发展成了存栏三十多头牛的规模。

自从棚改入户摸底调查开始后，王宏恩的心里就七上八下不托底。妻子李翠凤快人快语，她对上门做工作的居委会干部说："我们养牛到现在，从来没有给街道居委会找过麻烦，现在要拆迁了，我们也不会给你们添麻烦。据说像我们这样的养牛户，只能按住户标准进行补偿，我们那牛棚咋办，牛去哪养？"

说起牛，王宏恩夫妇俩几乎要落泪了。那年"三鹿奶粉事件"在全国闹得沸沸扬扬，在社会上引起了巨大的波动，首先受到冲击的就是像王宏恩这样的小养牛户。牛奶挤下来没人要，就连"伊利""蒙牛"这样的知名厂家都切断了基地以外的奶源。无奈之下，夫妻俩谋划着卖掉所有的奶牛，用卖牛的钱做点别的小买卖。拿到买家预付款的当夜，王宏恩在自家的牛棚里几乎转悠了一个晚上。摸摸这头牛的脑袋，拍拍那头牛的脊背，一会儿给这头牛喂一把饲料，一会儿又掰开那头牛的牙口瞅瞅，心里那个舍不得呀！第二天，人家买家来牵牛了，平时少言寡语不苟言笑的王宏恩突然来劲了，他死死地抓住牛缰绳就是不放，朝着买家吼叫道："牛，我不卖了，钱你拿走！"买家当然不干，瞪着眼睛说："我把屠户都找好了，订金也给了人家了，你说不卖就不卖了？门儿都没有！"这一个买家，一个卖家，僵持在那儿谁也不肯退让。最后还是妻子李翠凤与买家好说歹说，最后赔了人家 1500 元的违约金才算了事。

而今，北梁拆迁在即，拆迁组已经为养牛户找好了新家，地点位于九原区小巴拉盖村的奶站。王宏恩知道，奶站牛圈小牛多，时间短还可以，时间长了根本不行。几经周折他通过朋友打听到，有一个老养牛户，在近郊买了一块地准备搞养殖。王宏恩夫妻经过实地考察后，这才放心地把他的那些牛卖给了那家养殖户。我问王宏恩："以前你也卖过牛，后来反悔了，没有卖。今天你卖牛，咋这么痛快，难道你心里就不后悔吗？"憨厚老实的王宏恩腼腆地笑笑说："你说心里不难受那是假话，可这毕竟是两回事。北梁拆迁是天大的事，我可不想当什么'钉子户'，那名声咱可担当不起。"

如今，王宏恩一家已经把所有的牛都卖掉了，平时夫妻俩靠打点儿零工维持家用，但他们却很知足。梁上的住房有自建房 300 平方米、产权房 60 平方米，政府都给了相应的补偿。虽然搬迁时就已经划入"住改营"的范围，但补偿款一时还没有到位。夫妇俩则说："这是政府定的事情，迟早会给的。我们相信政府。"

这就是北梁上一个养牛户的故事，一个寻常百姓家的故事。在北梁的拆迁改造中，有许许多多这样牺牲"小我"的北梁人！

茶汤吴和铁匠张

凌晨五点多，北梁上的居民还在睡梦中，西北门的铁匠张老汉已经起床了。他点燃烧水炉子，烧上一壶水，沏上一缸子浓茶，便开始了他新的一天。

茶是传统的砖茶，滚开的水冲到布满茶锈的缸子里，黑褐色的茶梗很快翻滚着浮上来。张老汉蹙紧眉头，粗糙的手摩挲着他的大搪瓷缸子，轻吹着浮在水上的茶叶，吸溜着抿上三两口。连着喝几口后，再次蓄满水，放下缸子，转身拿起台子上的一把菜刀，转过刀锋，对着昏暗的灯光斜着眼眯一阵。然后坐在木墩子上，三下两下地磨将起来。

清晨里，嚓嚓的磨刀声在寂静的小巷显得特别响亮。

几把刀磨下来，茶缸子里的茶水如同外边的天，渐渐清淡了，浮在上边的茶叶梗早就沉到了缸子底。张老汉站起身从铺子里出来，想活动活动筋骨，瞄一瞄巷子里陆续出来上厕所的老街坊邻居。

这个时候，实验小学门前卖茶汤的吴文昌大爷正在冲一碗茶汤。

五十多岁的他右手执壶，左手端碗，壶身一倾斜，壶嘴与碗口间架起了一条弯曲的水线。水从茶壶流出的一瞬间，龙状的茶壶嘴在袅袅的水汽中吞云吐雾。收手，碗随壶走，半碗小米面瞬间变成了热气腾腾的一碗老茶汤，摆在了顾客面前。

这个春天和以往的春天没有什么不同。早春的风依旧很硬，清晨还是很冷，街坊邻居们上厕所的动作仍然很快。张老汉却心神不宁，总觉得这个春天和以往不一样。他把敞开的衣襟向中间拽拽，蹲在铁匠铺前的青石上点燃一支烟。声旁一个声音传了过来："老张，你还有心事磨刀？"张铁匠也不回头，喷出一口浓浓的烟说："不磨刀做甚？"说话的是老邻居老赵。老赵凑过来，张铁匠递给他一根烟，老赵把烟倒过来在手上蹾了蹾说："修路呀！你这个小铺子肯定是存不下了，你以后去哪打铁呀？"

张铁匠的眼神飘出很远，陷入了沉思。是啊，修路，征拆干部已经来过他的铺子好几次了。张老汉的心情越发低沉了，他不想再跟老赵说什么了，他也知道他下边的话会说什么，拆迁、补偿、能给多少，怎么能多要点，等等。

他用力在地上拧灭烟头，转身回了院子。

院子里，铁匠炉还没有点火，皮带锤孤零零地戳在那里。张铁匠叹了一口气，又进了屋，瞧着一排排打制好的工具和刀具，他提起这个看看，拿起那个摸摸，发一阵子呆。

北梁上的铁匠铺过去有十几处，如今只剩下他一家了。今年七十岁的他，十二岁就开始拉铁匠炉的大风箱，十四岁开始跟师傅抡大锤学打铁，到如今整整过去了五十八年。最早是跟着师傅学打马掌，马车被汽车取代后，他又开始给后山和萨拉齐的农人打农具，再后来又开始打各式各样的刀具。他最拿手的活计还是打制菜刀，刀的颜色如同他本人，除去刀刃那部分，通体漆黑，样子难看，但用起来顺手。

张铁匠打制的菜刀左上角有一个"飞"字印记。用过他菜刀的人，对他手艺的评价只有一个字——好。他打制的菜刀锋利不说，更关键的是轻快耐用。菜刀在平时使用中往往要一次次地磨饿，有些菜刀磨过几次，基本就不好用了，可张铁匠的菜刀不论磨多少次，依旧好用。哪怕那刀已经被磨得很薄了，仍然锋利如新。不只是普通的家庭主妇喜欢他的刀，有些个外地厨师也打发人来买。信誉良好、价钱公道、质量可靠，张铁匠渐渐就有了一个不小的名号——包头第一刀。

搬迁是好事，破烂房子就要变成簇新的楼房了，再不用生火做饭、不用半夜起来捅炉子、不用大清早着急忙慌上厕所了。可随着拆迁的日益临近，张师傅的铁匠铺和他的手艺恐怕是难以生存下去了。

茶汤吴去年秋天也这样煎熬过的。他对着那把祖传的紫铜茶壶发过呆、愣过神。铜壶重三十斤、能装七十斤水，纯手工打制。壶身两边有两条头戴红色绒球的飞天小龙，一条蜿蜒到壶嘴，一条舞动到壶把手，"二龙"前后呼应，栩栩如生。

说起茶汤，吴文昌总有说不完的话。他说，冲一碗茶汤，先要将小米面洗净，沥水后碾成面，再过细箩，变成小米面。茶汤壶水烧沸，取碗一个，倒入开水和适量凉水搅和一下，再用滚烫的开水将面糊冲熟。最后在茶汤上面撒上红糖、白糖等辅料即可成为美味。

对于小米和水，越发讲究，水当然要用转龙藏的山泉水，小米一定要选红谷米，手工磨制。

说起拆迁，吴文昌也是深有感触。他说："我是回民，每个星期都要做礼拜，我当时有两个担心：第一个，我们不想离清真大寺太远了，政府帮我们想到了；第二个，我要靠手艺养活我们一家，现在不也挺好吗？"

吴文昌说得更多的还是茶汤，他说："明朝年间，我的祖辈是在皇宫御膳房为皇室泼制老茶汤，后来走西口，把手艺带到了包头。解放后，我的父亲继承祖业，在老包头最繁华的地段'九江口'摆摊，经营茶汤生意。记得小时候每天天不亮，我父亲就开始淘米、磨米。过去卖的小米质地粗糙、沙子多，得一遍遍淘洗再磨成面。

"我偶尔会跟着父亲出去卖茶汤，当时的买卖挺冷清。两把长凳一条长桌，一个红色榆木柜。最早的时候，一碗茶汤只卖五分钱，就是这样，我父亲卖茶汤的那个年代，吃碗茶汤也是一件奢侈的事情。灰头土脸地'受'上一天也只能挣个几毛毛钱，回到家将钱袋子往炕上一丢，钢镚稀稀拉拉掉下来，我就会好奇地凑上去数一数。赶上庙会能多卖三五碗，老人家一高兴，就会给我们买根冰棍吃。

"说实话，小时候我不爱念书，学习成绩一般，总是想着多摸摸铜茶壶。逢到快收摊，我父亲坐在一边让我学着上手。刚开始，茶壶嘴跟碗的距离掌握不准，要么泼出来的茶汤下边是生的，要么把开水泼在了碗外，烫了手。

我父亲反复教我如何掌握距离、把握水的温度、怎么才能将眼睛与手配合起来。"

茶汤吴的手艺是父亲一点一滴传授的，做不好，最多不过是被训斥几句。张铁匠就没那么幸运了，他说："我师傅脾气不好，做不好活儿，轻则骂几句重则不给饭吃。不过，每次也饿不着，我师娘会偷着给我留一口饭。

"打铁是苦营生，就说拉风箱吧，风进火炉，炉膛里的火苗顺着灶口往外窜，那个热和呛就别提了。炭火的温度要高，拉风箱的人要在平缓匀称的节奏中不停地加速，等到铁器烧至通红，师傅、师兄手上的小锤大锤才叮叮当当地响起，小锤在先，大锤在后，落点不差半分。这抡锤打铁的营生是体力活，也是有技巧的，刚夹出的铁器先用重锤，再换中锤，最后才是轻锤。

"我印象最深的是师傅当年打制的镰刀，那时候我好像还不到二十岁，顾客来取货时不说话，师傅随意捡起一把刚打制好的镰刀，在磨刀石上来回磨几下，而后挽起自己的裤脚，把刀放在小腿上轻轻移动，那汗毛一根根洒落下来……

"打铁最关键的一点是淬火，你们外行人看哇，很简单，就是把打制好的家什丢到水里。其实不是那么回事，根据你打制家什的用途不同，在水里的时间也不一样。有的如蜻蜓点水，有的丢进去就不管了，有的只需要一次淬火，有的需要好多次。一个铁匠辛辛苦苦打制出来的工具往往会因为这道工序把握不好而功亏一篑。"

张铁匠说这番话的时候，铁匠铺不远处的房子已经开始拆除，两个拆迁干部把几根撬棍拿了进来，让张铁匠帮着修理。铁匠炉中的火苗随着鼓风机的欢叫跳跃着，撬棍头渐渐变得通红，张铁匠把它快速夹到大铁墩上，一番大锤锻打，一串小锤叮当，他把撬棍在水槽内轻轻一点，随着"吱啦"一声，一阵白烟飘过，撬棍被丢到了一旁。张铁匠就一句话，用去吧！

一个年轻的拆迁干部笑着说："张大爷，听说你做的刀是包头第一刀，让我们也见识一下吧。"张铁匠也没言语，从架子上取下一把厚重的砍刀，又指了指地上的一根钢筋说："你把它放到铁砧上。"手起刀落，"哐啷"一声，钢筋断为两截。随后他把刀递过来，让大家看，刀刃毫无损伤。

在众人的阵阵惊叹声中，张铁匠叹了声："可惜呀，如今没有几个年轻人学这个了，这铁匠铺一拆，我的这点手艺就跟着我准备进棺材了！"

采访张铁匠是 2014 年的春天，采访茶汤吴却是在 2013 年年末。两个人都是老北梁的手艺人，茶汤吴房屋的拆迁是"百日攻坚"期间，张铁匠却是在"春季战役"。茶汤吴已经从拆迁的困惑和窘境中走了出来，张铁匠正在经历着这个过程。

看着张铁匠那双粗糙的手，面对着通红的铁匠炉，感受着他的惋惜与无奈，我们真的祈盼老人的手艺能够再传下去。但时代在变化，生活在进步，老旧棚户区的那些老手艺又能延续多久呢？

第五章

忽如一夜春风来

　　2013 年已然过去，站在 2014 年的门槛上，你会发现此时北梁居民的心态发生了变化：搬入新居的喜悦者，尚未搬迁的期盼者，还有临时过渡的等待者。这些人群中，以期盼者的心态最为复杂。喜悦也罢、期盼也罢、等待也罢，"梁上"刮过的风渐渐柔软了，柔软的风将一个崭新的春天再一次送到了北梁。

　　而这时还在北梁上居住的居民们又是怎样的一种心境呢？他们兴奋、激动，他们希望、憧憬。正月里，好多没有搬离北梁的居民在走亲戚串门儿，他们首选的是去乔迁新居的邻居、亲戚、朋友家中，走一走、看一看、问一问。这一走、一看、一问，他们的心情越发迫切了。

　　居民们急不可待地想搬迁。

　　北梁征拆中，干部们常挂在嘴边的一句话是：办法总比困难多，有了居民的支持，一切问题都不是问题。为了加快棚改进程，为了让居民搬得舒心，也为了让居民早日住进新房，棚改办根据实际，采取了增加居民取暖费以及各类补贴，提供就业岗位、提高困难居民救助标准等一系列惠民政策，问题多有缓解。

　　2014 年的征拆工作呈现的特点是居民急着拆迁，但弱势群体集中的现状又让征拆工作呈现出许多新问题。北梁棚户区范围内大大小小的企事业单位有 150 多家，很多又都是老企业，经历了九十年代的转制、解体、破产的阵痛，遗留积累的问题非常多。征拆这些企业，必须解决这些棘手问题，这又是一道绕不过去的坎儿。已经过去了近二十年的时间，又要重新揭开已经结疤的伤口，就只有一个字——痛。

难也罢、痛也罢，2014年的春天依然如期来临了……

春节，总理给咱回信了

一封信，一份情，浓浓的。

一声问候，一丝牵挂，暖暖的。

2014年2月12日上午，当自治区政府主席将李克强总理的回信交到搬迁户高俊平手里时，老高双手颤抖着打开信封——

高俊平同志：

你的来信收到了，信中说北梁棚户区已发生了翻天覆地的变化，你和老伴、小孙子，还有很多居民都搬进了宽敞明亮、干净舒适、配套齐全的新楼房，实现了安居梦，真是从心底里为你和大伙感到高兴。

北梁的巨大变化充分体现了各级党委和政府真心实意为群众办实事的决心和作风，也体现了大家对美好生活的期盼正在逐步成为现实，国家还要继续加大棚户区改造力度，让更多的困难群众圆上安居梦，除了安居，养老、医保等惠民政策也都会一步步完善。

安居是幸福生活的新起点。要用勤劳的双手继续创造充满希望的未来，让生活过得越来越红火！祝全家新年好并代问北梁的居民好！有机会我再去看望大家。

李克强

2014年1月30日

老高的眼睛模糊了，总理在大年三十居然能想到他高俊平，给一个老百姓回信。总理日理万机，过大年了还牵挂着北梁的搬迁户。

这一刻，老高想起了很多。一年前，总理来自己家里，那时他还住在北梁 20 平方米的旧房子，总理面对面和他坐在一起唠家常。

"家里收入怎么样？"

"屋子还结实吗？"

"看到你家这样，我很不心安啊！"

"我们要加快改造棚户区，让你们搬进条件好的新房子……"

老高一直记着总理说的话，也记着总理来自己家的那一天，2013 年 2 月 3 日——小年。

去年小年总理来家里嘘寒问暖，今年大年三十总理亲笔写信祝福他和北梁居民喜迁新居。

总理的话犹在耳边，脑海里像过电影似的，一幕又一幕。

大年初一，刚凌晨四点多，高俊平就睡不着了，一个人爬起来，在屋里来回摸索着，似乎在找什么。老高迷迷糊糊转到厨房，手搭在暖气上，眼睛看到煤气灶那一刹那，一股热流由手及心。热，甚至有些烫手。他不由自主地"哦"了一声，嘟囔道：这穷命，还想着找炉钩子捅火炉呢。是啊，捅了几十年的火炉子，习惯了，冬天起来的第一件事就是把炉子捅旺，家里暖和后才能做别的。

"啪"的一声，老高摁下墙上的开关，新家洁净的瓷砖地板，屋顶光亮的扣板，亮闪闪的有些刺眼。老高揉了揉眼睛，一切仿佛是在梦里，他拍了拍自己的脑门，不由得笑了。

这一刻，他才想起了自己要干什么。剥葱、捣蒜，然后给全家人准备一顿丰盛的初一年饭。按照老传统，再做一个"翻身葫芦"，老高要用这个"翻身葫芦"表达他们家一年当中翻天覆地的变化。

老高于是便忙活起来。手上忙着，嘴里也不闲着，变了调的二人台《挂红灯》伴着剁菜、捣蒜的声响顺着窗缝溜了出去。不知何时，窗外隐隐传来了几声零星爆竹声，他抬头向外看了一眼，天色已泛青。屋子里传出了说话声，孙子和老伴起床了。孙子高宇博吵着要穿新衣裳，老伴不让穿，孙子不乐意，老伴哄着孙子："不能穿，一会儿要放炮，别把新衣裳弄脏了，要是总理爷爷来了，你穿啥呀，还光着屁股？羞不羞呀！"高宇博说："等总理爷爷再来，我给他唱歌。"老伴说："对呀，就穿这新衣裳唱，总理爷爷肯定会高兴的，肯定会夸奖你的。"

天大亮，老高开始贴春联。这春联不是从大街上随意买的，是求老邻居老赵写的，上面的两句话很合老高的心思。上联，蛇年旧居烟熏火燎盼搬迁；下联，马年新房宽敞明亮过大年；横批，北梁新春。

孙子最喜欢放炮，可在北梁老屋的时候，孙子只要拿着炮往院子里一走，老高就赶忙跟出来，怕鞭炮伤着孙子，更怕孙子在放炮引燃院子里的杂物。院子小，杂物堆得到处都是，过大年要是失了火可不是他一家的事。房子挨着房子，哪家的院子里或多或少都有怕火的杂物。他记不得是哪一年，前栋房的孩子放炮把邻居家房上的纸壳子引着了，打电话叫消防车，车来得挺快，可就是进不去，巷子太窄了，等消防队员和左右邻居把火灭掉，凉房和南房已经烧得面目全非。

这回好了，小区里整洁宽敞，孙子想怎么放就怎么放。

临近中午，新家里已是香气四溢，老高亲手烹制的菜肴热气腾腾上了桌，全家人一起举杯。最后一个炖菜还在锅里，平时就爱喝点小酒的老高，在儿子的陪伴下忍不住多喝了几口，孙子也不时端起酒杯调皮地碰两下。午饭后，老高还特意让前来采访的记者屋里屋外地为他们拍了搬入新居后的全家福。

1月15日，搬到新家的当天晚上，老高睡不着，他总觉得好像有点什么事儿没做，在床上翻腾了好长时间，又爬起来坐在客厅沙发上愣神儿。他忽然觉得应该给总理写封信，说写就写，他忙去找纸笔。同样没睡着的老伴听说他要给总理写信，开始数落他："你是半夜起来朝南睡，想起甚就是甚，人家总理那么忙，哪能顾上看你一个平头老百姓的信呢，你不是给人家添乱嘛！"老高没搭理她，照写不误。临到落笔，老高原本满肚子的话却怎么也弄不到信纸上。老伴不知何时来到了他身边，看见信纸上只有几个字，都是总理你好，总理你好，然后就不知道该写什么了。老伴嘟囔："唉，想说啥就写啥吧。"后来，他和老伴你一句我一句总算把信写好了。

让老高做梦都没想到，总理真的给他回信了，还是在大年三十。

老高的手久久捧着总理的回信说："真高兴啊，总理这么快就给我回信，问候我们全家，问候北梁居民，我一定把总理的话转告给邻居，告诉大家：总理一直牵挂着我们呢！"

老高还说："总理一定会再来北梁的，再来咱家的时候，我一定要记住给总理沏一杯茶，一杯浓浓的茶！"

二月二，龙抬头。这天，老高把李克强总理的回信装裱入框，和去年总理来他家里时的照片一起挂在一进门就能看到的墙上。老高说："我不是显摆，我就是想天天看着总理，高兴啊！"

其实，和老高一样心情不错的老北梁居民还有很多很多。

2014年春节，我们到北梁新区采访，满眼看到的是家家挂灯笼，户户贴窗花，欢声笑语充满了整个小区。

官井梁的老居民们很多已住进北梁新区。新居中，他们迎来了搬迁后的第一个春节。

没有了火炉土灶，李大爷不再忙着炖肉炖鸡，而是跟老伴商量着买了现成的炖牛肉、扒肉条、肉丸子、黄焖鸡……几样老味道应有尽有，还添了几道平时舍不得吃的新菜品。

"今年过年变化大了，新楼房就是好哇！我们家20来平米的老屋换成了65平方米的楼房，一张大炕变成了两室一厅。过年孩子们来拜年，一家十口人在一起吃年夜饭，也不觉得拥挤了。今年我们全家三户人都住进了新楼房。"李大爷笑得合不拢嘴。

三官庙社区的刘大妈说："这下好了，房子暖和敞亮不说，关键是体面，我们家的老小子早就找下对象了，可从来都不敢往家里带，我们真难为情。以前进门就是一盘炕，黑咕隆咚的连个坐处都没有，上厕所更是麻烦，人家姑娘打小住的就是楼房，看到我们那破房房，还不得吓跑？可得感谢李总理，要没他，老小子今年也不敢把对象带回家。过了二月二，我就准备给他们订婚呀……"

今年47岁的赵永兵由于身体残疾至今未婚，一直由妹妹照顾。去年十月，赵永兵和妹妹赵红霞同时搬进惠民新城的新房子。同一栋房子，楼上住着妹妹一家，楼下是他的家。自打搬到新居后，赵永兵就没闲着，来看新家的亲戚朋友走马灯似地来了一拨又一拨。

赵永兵说："以前家小，过年来几个人就转不开身了。现在，有了客厅，亲戚来了都能坐得下。能住进这么好的楼房，真带劲儿！"

妹妹赵红霞说："有套自己的楼房一直是我哥的梦想，政府让他的梦想现实了。你说说，政府想得多周到，去年搬迁时，我提出要和我哥住在一栋楼，好照顾他，当时只是说说，没想到还真办到了！"

已经乔迁新居的北梁居民欢天喜地过大年，那些正在动迁中的居民又是怎样的呢？

西口一家人

正月十五刚过，财神庙办事处福义街社区八片区拆迁组长刘美峰带着数名工作人员走进了闫宝山的小院子。这次入户，是对年前第一次入户调查的情况进行全面复核。再次确认各项数据，做到准确无误。马上就要进行拆迁，容不得半点儿马虎，于是，他们此次的询问更加详尽，测量更加精准，比对也更仔细。

闫宝山家的基本情况是：四代同堂，12口人，一个院分4户居住，3个房本，有70平方米的自建产权房。

三个房本四户人家的情况下，按照分户政策最多可享受四套房子。其中，因为闫老爷子和老伴儿年迈，按政策可优先享受50平方米的保障房，剩下的三套房子按拆一还一，补偿差价的原则，根据户主需求来选择面积和产权。

闫家老小十几口人此时都站在院子里，看着刘美峰他们忙碌，等着询问和解释。他们的心全都提到了嗓子眼儿，谁也不敢多说一句话，仿佛只要说错了一个字，就会带给家人无法估量的损失一般。

老爷子闫宝山、大儿子闫军和二儿子闫青三户人家三个房本，大孙子一家人没房本但有户口。他们虽然知道，北梁棚改是政府给老百姓到来的最大福利。可是这福利到底有多大呢？能让他们全家十几口人都住上宽敞明亮的楼房吗？能彻底解决他们家人多房子少的困境吗？

老爷子没文化，他担心自己说不清，就督促大儿子闫军，让他详细问问拆迁的政策，问问他家到底能享受到什么样的福利？千万要具体问清楚这个事儿，老三闫成和二孙子能不能指望这个"最大福利"讨到老婆？

没等闫军开口问，刘美峰主任就笑着说："你们有什么要求和困难都尽管说，把心里的真实想法都说出来。"

闫军事先是经过准备的，他知道老爷子担心什么，也询问过弟弟的需求，还和儿子和侄儿沟通过。老爷子想给老三准备一套结婚用的房子，弟弟是想凭他的独立户口要上两套房子，一套自己住，另一套给儿子娶媳妇用。闫军自己的想法是先让老爷子享受上国家的保障房，他和儿子也最好是一家能分一套房子。这样一来，就是五套了。最差了就是老爷子的和老三合并要一套，也得四套！不知道拆迁组能不能答应？

闫军满腹心事地带着刘美峰在小院子里来回转，他让刘美峰看老爷子的"黑屋子"，看老三闫成的"格子间"，看儿子的"鸽子笼"……他想让刘美峰感受一下这个小院子的拥挤，也想让刘美峰感受一下这一大家子人的窘境。

刘美峰怎能不明白闫军的心思？她何尝不想帮闫军圆上这些美好的梦呢？她何尝不想让所有八片区的群众都住上宽敞明亮的新房子？可是类似闫家这样的居住情况，在北梁何止是成百上千户，是上万户哪！就是在这个八片区里，他家的情况也绝不是个例。刘美峰的目光随着闫军的手指上下左右地移动着，大脑却在飞速运转，她在找，找一个最终能让闫家满意的补偿方案。

闫军终于说出了真实的想法："五套，面积大小和产权可以再商量。"

工作人员周磊一听就急了："这严重不符合政策啊！"

闫军不出声了。

刘美峰这一刻想的是：八片区共涉及拆迁户170户，在做一户通一户的前提下，工作人员如果以每天三户的进度来推进动迁工作，至少也要花两个月的时间。而现在已经是3月19号了，距离"春季战役"结束的时间还剩下两个月，时间刚刚够。北梁的群众素来讲究农历五月不搬家。这意味着，她要带领她的团队在两个月内，不出任何意外和差错让所有的拆迁户都搬离，这任务量得多大？也就是说，她们每一次入户都必须是直接而且有效果的，容不得拖延耽搁。

刘美峰清了清嗓子，说："这回拆迁，国家最大限度地解决低保户、低收入家庭的住房困难。我们规定了25平米以下的，最大可享受50平米的保障性住房，这是现在全国的最高标准了。"

闫军吸着烟，等着刘美峰的下文。

"闫哥，你看，咱们家这个情况是有些困难，但能算是北梁的困难典型吗？虽然你和你的弟弟、孩子们都没有工作，但头脑灵活、身体健康，都可以自力更生，不像房前屋后的困难户，只能天天等着政府的救济才能生活。可我们不一样啊，哪儿能想着这一顿吃饱了，一辈子不饿的事儿？可能吗？再说，孩子们都才二十出头，正是干事创业的时候，不能让他们有等靠要的想法，这对他们自身也不好啊！现在，政府已经是举债拆迁，在全力改善低收入家庭、特困家庭的居住环境，六十岁以上的老人也能实现以房养老的心愿了，对于儿女来说，这是多大的福利啊！他们可以一心一意去奋斗自己的小光景，再不用担心父母的养老问题，这对他们是多大的解脱？难道，你想养活他们一辈子？是好孩子就是多分了那么一点也起不了多大作用，不是好孩子就是把月亮和星星都摘了给他也不顶事儿！你想想，我说得对不对？"

刘美峰的苦口婆心不知道闫军听进去了几分。但她知道，这些走西口上来的老山西都是讲理的人，对这次拆迁，他们的心理期望值过大，还需要转几个弯来慢慢接受。

"这样吧，你先和家人商量商量？"刘美峰见闫军还在沉默着，就和气地说。

这时闫青回来了。人还没进门，话就进门了："刘主任，我们家真是困难啊！"

刘美峰笑着："情况我都知道了。"

"不是，还有个事儿你不知道的。"闫青坐下来："我们山西人实在，不是蛮不讲理的人，我们不会为难政府的。只是……"闫青一个劲儿地挠头："这事儿真不好说，你看，我这也是没办法才说给你的。我大哥就不肯说。是闫成！他是我爸妈收养的！今年二十四了，一没工作二没对象，爸妈都八十多了，他的前途就指望着政府了！"

"怎么回事？"刘美峰奇怪道："你们不是已经哥俩儿了嘛，怎么还会收养一个儿子？"

"要是名正言顺地收养也好，爸妈老了，我们哥俩可以全力帮着他。可问题是，他一开始是爸妈替我姐收养的，本来是作为外孙领回家的。但后来我姐的病也好了，又有了自己的孩子，原本就和我姐没什么感情的闫成一下子成了多余的人了，只好姓了闫，成了我们家的老三。你说，这关系，哎！现在，我和我哥的光景你们也都看到了，哪有余力再接济他？我儿子也二十多岁了，正是要房子、娶媳妇的时候，我是泥菩萨过河都自身难保！要在以前还好，反正就那个小院子，大家使劲儿挤，只要有个放床的地方，就能弄出个小格子，给他娶回个媳妇来！可现在，房一拆，一点资本也没了！虽然是楼房，可一共才多少平米？老子和儿子谁住合适？还加上一个不怎么亲的叔叔！你说，刘主任，这不是又有了家庭纠纷吗？还不如以前，就那么将就着过，大家都一样困难，要喝粥都喝粥，要吃肉都吃肉，没说的了！"

"那你的意思是？"刘美峰觉得闫青话中有话。

"我爸、我哥和我三个户头，一家户头上有两户，能说是两户吧？我爸妈和闫成，我哥和儿子，我和儿子。我们将来是六家人的，就是每家住十平米，我们也要公平。"

"闫哥，我们得按政策来，都照你这么算，北梁靠这 200 个亿的债怕是盖不起这么多的房子了！"刘美峰笑了，闫青也跟着笑。

"老爷子、大哥和你，还有大哥的儿子，总共是四户人家，可以实打实地住上四套房子。"

"刘主任，我爸妈这儿、我哥这儿，甚至我侄儿这儿都好说，各有各的房子了，就我这儿，你看，我儿子和我侄儿一般儿大，马上就得娶媳妇，我自己就那么点儿平米，能换多大的地方？儿子住哪儿啊？这事儿，政府能不能照顾一下啊？"

讲了半天闫成，最后还是落到了自己的小九九上了。刘美峰不禁哑然失笑："你说呢？"

闫青也讪讪地笑了……

时间紧、任务重，房源更紧。

3 月 8 日至 3 月 16 日，八片区的高龄、军属、低保、特困、大病、残疾等七类人员完成了首轮选房。

3 月 19 日，进行了连片集中的大面积拆迁。

3 月 29 日，将进行第二轮选房。

八片区的工作人员必须在 10 天之内，完成第二轮动迁工作，才不致影响第二次集中拆迁的工作进度。

包户干部周磊再一次踏入闫老爷子家的大门。

这一回的气氛与前几回不同了。院子里没有人出来迎接他，四户人家门窗紧闭，各自待在屋里，从窗户里向外张望。

推开老爷子的门，黑咕隆咚的什么也看不清，周磊好一会儿工夫才适应过来。老爷子不在，老太太僵着一条腿坐在炕沿边上，正用手拍着炕沿，招呼他坐。

"闫大爷呢?"

"出去了! 出去了! 没个主事的男人，这事是定不了调调的。"周磊看手表，马上就中午了，一家老小应该都在家里。

"都说是拆迁好，拆迁好，可这一到我家咋就变不好了?"老太太满口山西方言，周磊还听不太清楚: "夜儿个吵吵了一天，也没吵出个主意。"

"大娘，你跟我实话实说，家里人都什么意见啊?"

"老头子怕百年后闫成没个着落，想给老儿子留下房子，老二想着给二孙子争一套房子。"

"这个我知道，老大的意思呢?"周磊关心闫军的态度。

"属老大的房子大，儿子也另立户头，他这儿好说。就是闫成和闫青是个事儿。"老太太叹着气: "怨就怨当年我和他爸没本事，穷得再置办不起一份家业。那时要多买几分地，也不至于这会儿分不匀。还有闫成，哎! 这娃娃跟上我们受苦，早知道没本事养活人家，当初就不应该抱回来啊!"老太太说着说着抹起眼泪来。

周磊连忙起身安慰: "儿孙自有儿孙福。您老人家辛苦了一辈子，他们再苦还能有您苦?"

正说着，闫成进门了。老太太立即住了嘴。周磊只好往老大屋里走。他前脚进门，闫青后脚就跟了进来。

闫军在家，正看着他进门。"大哥，考虑得怎么样了，能签字吗?"周磊单刀直入。

"不能！"不等闫军回答，周磊身后的闫青就抢着说："其实，要是不拆迁就没这些破事儿！穷就穷了，都穷着呢！现在，一个院子住着的一家人，有的住高层，有的连房子都没有，这怎么签？谁爱签谁签，我不签！"说完，转身走了。

门还开着，院子里站着老两口、闫成，还有闫青的爱人和儿子。

周磊自进了拆迁组以来，几乎天天入户，遇到的困难真是千奇百怪。具体到拆迁，真是按下葫芦起了瓢，家家都有本难念的经！

他招呼老两口："大爷、大娘，到屋里来听我说说好吗？"

两位老人都瘸着一条腿，都是年轻时做苦工致残的，所幸他们还有政府的养老金救济着。

"政府是为老百姓做好事，尽量把一碗水往平了端。本来是想通过拆迁，让大家更开心、更幸福地生活的，可现在因为你多我少这一点点便宜反倒弄得都不开心，何必呢！刚才，我去大爷屋里时，大娘都哭了。手心手背都是肉，她谁也心疼哇！都八十多岁的人了，为这些事儿，还让她掉眼泪，真是不应该！"

老爷子开始叹气，老太太又抽泣起来。

周磊不知道这几天一家子人因为拆迁都吵了些什么，吵到了何种程度，但他看得出来，两位老人因为儿子之间的算计隔阂，无奈又伤心着！

眼前这光景，让周磊想起老爷子屋里墙壁上的合影，一家四代，四世同堂，个个笑得合不拢嘴。可现在？周磊心里像是打翻了五味瓶。

政策是好的，百姓是好的，结果也一定要好！如果让百姓为难了，伤心了，只能是自己的工作没有做好。他必须让这家人明白，只有每个人都放弃一点，彼此宽容一点，这个大家庭才会变得美好幸福！

"我眼里的山西人是很有人情味的，团结，有凝聚力，不会为了小利益伤害大感情。孝顺父母、亲爱兄弟，这是从小就灌输在我们头脑里的文化。山西文化还有什么？"周磊有些激动："之前不说，说走西口。北梁上来多少人？

都是一个拉扯一个，死里逃生地活下来，扎了根，不是亲戚就是老乡。现在，一拆迁，整个活着的'西口村落'也要散了！一个北梁有多少西口人？一条福义街有多少西口人？一个5号大院有多少西口人？说散就散了！你们一家四代，能挡住拆迁的洪流吗？给你们一人一套房子，你们就开心幸福了？想想，以后再也住不在一个院子里、一个屋檐下了！靠血液凝聚的大家庭注定要分开了，要的房子越多，分散得越远！这是必然结果，你们想到过没有？你们珍惜过没？西口文化在淡在散，我们无能为力，但我们一个大家庭的血缘亲情要淡要散，我们还无能为力吗？就为了你多我少，争来争去？山西人那种勤俭谦让的品质哪儿去了？我们都看大些好不好？什么东西比得上一家人的亲情更重要？"周磊接着说："大爷大娘为什么掉眼泪？之前，他们给我讲的那些经历，真是让我心碎。一路讨吃要饭从西口上来，住野地里，修路翻砂托土坯，吃不饱，穿不暖，半年也闻不到肉味，吃了多少苦才奋斗下这套小院？才把你们养大成人？这小小的院落，是他们六十多年省吃俭用的全部积蓄，现在都分给你们了，原想的是让你们过得更好，可国家政策都定了的事儿，你们还要争，这不是拿挫子挫老人家的心吗？让他们难过，你们就心安？各家就差那么一点点吗？大家要都存着这份亲情，存着一份感恩，还争？真是为了多占那一点儿，就情愿伤害彼此之间的亲情吗？"

周磊不想再说下去了，自己也开始难过起来。自进入北梁工作以来，他见过很多的夫妻不和、兄弟反目，就为了争国家给的这点实惠。其实，能给予的人才是最富有的人！这不仅是处世之道，也是修身之道。一舍天下安！他起身，仔细端详着这个院落，这个现在还存在着的院落中散放着各种家什，年代久远的，现代新潮的，老旧的窗棂，崭新的鸽棚……他再一次走近墙上的相框，那里有民国时代的人物，有二十世纪五十年代到九十年代的影像，最中央的全家福里，人人脸上都荡漾着曾经的幸福……

3月20日一大早，一瘸一拐的闫宝山老人在大儿子闫军、二儿子闫青的陪伴下来到了拆迁工作组。

"我们是来签协议的。"跟在三个人后边的大孙子说。

"想通了?"周磊忙给他们倒茶水:"具体补偿的事也协商好了?"

闫青开口说:"大哥孝顺二老,又让着我们,他定的。老人先入住保障房,房子只住不售,将来留给闫成;大哥自己产权调换一套小平米保障房,匀出来的面积补给我,让我和儿子住上 80 平米的大房子;侄儿的房子就货币补偿哇。"

"太好了!"周磊高兴地握住了闫军的手:"还是长兄!长兄为大啊!这才是咱们西口人,西口一家人呀!"屋子里顿时响起了一阵笑声……

而屋外,数台大型装载机正隆隆地从街面上驶过……

老井的故事

一口井,好似一只天眼,凝望着这片曾经辉煌、曾经喧腾的土地,见证着北梁百年的兴衰际遇,也记录下百姓生活的风雨岁月。

6 号院里的这口老井有"北梁第一井"的美称。据说这口井开凿于民国初年,已经有一百多年的历史了。据说在这口井几十米外也有一口井,那口井里的水质就差多了,后来还干涸了。临近几个院子里的人家都到 6 号院来打水吃,北梁第一井不仅养活了张家几代人,还养活了左右几个大院几十户的几百口人。还有更神奇的故事说,这口井曾有人不小心跌进去过,被救上来后安然无恙。其中有张家一个 7 岁的小女孩,1962 年就跌进井里过,被救出来后她还安慰大人说:"没事儿,我一点儿也不怕,井水底下好像有人托着我呢!"

后来就有人传说,这口井里有井神。

这口老井最初归包头前口子人郭满仓所有。郭满仓是个富商,经营油坊生意。后来郭满仓把这口井连院子一齐卖给了从山西走西口来的老张家,而张家买这口井的目的，主要是为了解决人畜饮水的问题。在走访院里的老住户后我们得知，这还是一口"不吃人"的井。

按照拆迁政策，这口老井和院子里的厕所、大门洞一并划价 49493 元予以补偿。其中老井划价 38000 元，矛盾就出在老井补偿款的分配上。

6 号院住着张、王、吴、韩四姓，12 户人家。如何分配老井的补偿款，成了矛盾焦点。经过几番争论，意见集中在以下四种：

一、老户张家一族人的意见认为：这口老井是他们的爷爷从山西来包头买这所院子的时候，与院子、房屋一起买下了，自然属于张家族产，理应由张家自己分配，外姓人家无权分配。这笔钱也自然是归张家所有。

二、张翠丽虽然也姓张，但与老户张家不是一族，她是后来搬来的新户。她的意见是：我既然在这个院子住，吃井里的水，就像使用院子里的厕所、走大门洞一样。水井、厕所、大门洞都是公共设施，住在这院子里的任何人既然有权利使用，也就有权分补偿款。

三、王国滨代表的一种意见是：这个院子里有旧房子，也有后来加盖的新房子，在分配大门洞、厕所和水井的钱时，新旧住户应该有同等的权利，应该按户分配这笔钱。

四、韩全亮的意见很简单：大家商议，大家说怎么办，我就怎么办。他的意见看似没啥，细细想，变数似乎更多。

除了这几家，其他几家还有一个共同意见：你们老张家说你们买下的这个院子、房屋、水井，那就拿出院落、房产的凭据来，拿出买水井的证明来，让大家看看，你们拿得出来吗？

老户张家出面发表意见的是张铮和他的叔伯兄弟张青，他们说："我们家是从山西逃亡来的地主，'文革'时，家里的金镏子、银镯子之类的贵重东西怕被红卫兵发现都扔了，那些地契、房证还敢保存下来吗？被红卫兵搜出来那就是'变天账'，还要命不啦？"

张铮、张青的爷爷叫张连，以马车运输、熬盐发家，在山西山阴县陆庄村盖起来几座大院，很快成为山阴县富裕大户。山西是八年抗战时期的重要战场，山阴县八路军的地方武装，常来张家隐蔽休整，张家人管吃管住，交下不少八路军朋友。山西解放较早，土改运动也来得快。一个有着几套院子，几挂马车的人家自然是大地主，土改这一关是过不去的，有人就把可能要分他们财产赶他们出家门的消息告诉了张连，还说要是他们离开山阴，有人会给他们开路条放行。张连就带着全家赶着七辆马车经杀虎口，渡黄河来到包头，落脚在北梁东门外的一处小院子。四个月后才从郭满仓手里买下这一处正房九间、厢房八间，加一口水井的大院子。张家七辆马车、二十多匹骡马又重操旧业跑起了运输。老一辈人都还记得，当年包头的电灯公司所用的炭，就是张家的马车队一辆辆从后山石拐煤矿运来的，一直到1945年公私合营还在继续，公私合营后的运输队就成了包头最早的马车二社。

张家老二张天贵就是当年马车二社的社长，也是五六十年代的省、市级劳动模范。他是张铮的父亲，张青的叔父，老人前几年刚刚病故。因为张家是大地主，"文革"中那些可能惹来麻烦的文字契据统统烧掉了。不久张家就被遣返回老家山阴。因为张天贵是劳动模范，这一支脉就没有被遣返。

改革开放落实政策，遣返山阴的张家几十口人又返回了包头，成为北梁上几户普通人家。他们也和这里的居民一样，居住在低矮、窄小的屋子里。

北梁棚改，新房子要来了，矛盾也跟着来了。

征拆干部栗伟就负责这个福义街6号院的动迁。

栗伟是第一个睡不着的人，白天入户调查摸情况，晚上一遍一遍地清理，琢磨办法。

睡不着的还有6号院的这几户人家，他们天天琢磨自己的意见能不能站住脚，分析别人的意见有没有道理，当然还要考虑几年、几十年的邻里关系。盼着搬迁，想着住楼房，楼房就要分到手了，却为了这口井的补偿分配，弄得彼此尴尬起来。

在搬迁干部的调解帮助下，人们的思想渐渐通了。根据政策，凡是分到保障房的住户，由于已经得到国家的优厚补贴就应退出水井补偿分配。这样张翠丽和另一户分到保障房的人家就自然退出了，水井补偿分配由十二家变成十家。接下来突出的意见分歧是：新户、老户是否拥有同样的水井补偿权利。栗伟再一次做深入细致的工作，摸排老户加盖新房屋的是多少户，他们的生活状况怎么样，做到心中有数。栗伟的智慧与耐心再一次感动大家，邻里们达成协议，不论是老户还是新搬迁户，按照老房子的面积大小平摊水井补偿款。主要分歧解决了，皆大欢喜。

邻里问题解决了，老张家的难题却来了。谁去做老爷子张天仁的工作？咋去说通老人？

张家唯一健在的老一辈人叫张天仁，是张青的父亲。这事儿必须跟老人讲清楚，他的思想通了才行，那谁去跟老人开口呢？

张青说："哥，你去对我大（父亲）说，他听你的呢。"

张铮说："弟，还是你去，你是他亲儿子嘛。"

张天仁虽然今年已经 93 岁了，可家里的大事小情还是得老爷子说了算，分水井款这样的祖产也自然是老人点头同意才行。

张天仁几十年住在 6 号院，他用这井水煮饭熬茶，浇树浇花，这水井是张天仁最大的念想，老人该怎么面对补偿分配这件事呢？

张铮、张青坐到老人面前。

张青叫了一声："大。"张铮叫了一声："叔。"声音都很大。

老人不满地瞪了哥俩一眼："我耳背，可还没聋呢！听着了，说吧。"

张青先开口："大，水井补偿款分了，门洞的补偿款也分了。"

"咋分的？"

"十户人家，按老房子面积大小平均分配的，咱家……"

"不忙说咱家，别人家了？大家满意不？没意见？"

"还有甚意见，白喝了这么多年咱家的井水，最后还分走一笔钱！"张铮这样说，是有意摸老人家的心思，"就是亏了咱们家了。"

"亏？"老人家不满地说："咱家亏甚了？亏的是共产党，亏的是政府，一口百十年的老井，早就不用了，政府补偿还给了那么多钱，分给大家有甚了？几十年一个院子住着，不就是留个念想，留一份情意嘛？"

哥俩高兴地一同问："您老同意？"

老人说："没有这么好的拆迁政策，别说我住不上楼房，你们哥俩也别想，哼，感谢共产党哇！"

北梁6号院里一眼老井的故事就此结束了。这次补偿款分配从二月初开始，经过搬迁干部一个多月的反复调解、协商，最终圆满解决。我们在采访时发现，在这个情理纠结的矛盾里，我们看到更多的是家族情、邻里亲、大院亲。

到底是刘振平，还是刘正平

刘振平是铁西区北辰社区的一户普通居民，话不多，是个老实巴交的人。拆迁中，他遇到了一个"很大"的麻烦，就是户口本、身份证上的名字与房本上的名字不一样。户口本、身份证上的名字是刘振平，而房本上的名字却是刘正平。一字之差，让他在办理拆迁手续中遇到了很多麻烦。若要办理，必须更改房本或者是身份证上的名字，可房本上的名字是改不了的，只能改身份证上的名字。刘振平试着去派出所、办证大厅，可户口本上的名字与身份证上的名字又相符，人家不给他改。想改，还需要拿出证明，这又需要很长的时间。

眼瞅着左邻右舍一户户地搬走，刘振平急得嘴上起了一串燎泡。有人劝他说："老刘，你是急个什么劲儿，你一个平头老百姓急有啥用，除了这一嘴的燎泡，你急出啥来了？"刘振平也觉得在理，可他还是急，他急的是拆迁手续办不下来，房子就选不了，等到最后，好房子都叫别人选了，他怎么办？熬了大半辈子，好不容易等到这机会，却被自己名字的差错给难住了，刘振平恨不得扇自己两巴掌。这事儿要是前几年做，也不是个事，就是费点工夫呗。老婆成天地唠叨，也怨不得人家唠叨，房本上的名字没有错，错在办理身份证那年，他的身份证下来后，老婆就看到了这个错字，催促他去改，他当时根本没当回事，只是去派出所问了问。听说改名字需要许多手续时，就懒得办了。时间久了，他也把这事淡忘了。

正如劝他的人所说，他急，有比他更急的，那就是负责征拆他家的小赵。可急又急不出个结果来，凡事都有个程序。小赵只能带着刘振平一次次在派出所和办证大厅之间来回奔波。

看着小赵一趟一趟跟着自己跑，刘振平的心里过意不去，凭啥呀？非亲非故，人家又不欠你什么。有一次，一个街坊开玩笑说："老刘，你现在牛了，有人给你跑腿，像个掌柜的。"可不，他原本话就不多，遇到生人后，话就更少了。倒是小赵一边给人家赔着笑脸，一边掏出自己的烟给别人抽。

身份证办证大厅在新都市区，每天都人山人海的。连续跑了几次都没有结果，小赵只得跟组长反映这一情况。小赵说："咱们能不能想想办法，从公安局找个熟人帮帮忙。"组长掰着手指头数着征拆小组的几个人，数来数去没有一个合适的。他们谈论这事时，另外一个小组的刘姐笑呵呵地说："有一个人好像挺合适。"几个人的眼睛都瞪圆了。刘姐依旧笑着说："你们别这么瞪着我，我可没那本事，不过负责咱们这个社区的牛局长应该能解决。"

她的话让几双热切的眼睛又黯淡下来。牛局长是包片干部，公安局副局长。他们多次见过这位局长。

组长说："嗨，这点小事还是我们自己想办法吧，别去找牛局长了。"说来也巧，事隔两天，小赵从刘振平家出来，迎面碰上了牛局长和拆迁办的几个人。牛局长笑着跟他打着招呼，他险些把想说的话吐出口。与牛局长错身而过后，小赵开始后悔，迟疑地停顿了一下，微微转身，见牛局长也停在了几步之外回头瞧他。牛局长笑着冲他招招手说："你肯定有事，过来说说。"他们说话的工夫，刘振平愁眉苦脸地从他们家的院子里走出来。

小赵吞吞吐吐地说："牛局长，有点事想求您，不知道您能不能帮我？"

牛局长笑着没吱声。

小赵见牛局长没说话，想说的话便咽到了肚子里，他又结巴着说："唉，算了吧，牛局长，您忙吧。"

牛局长说："你这小伙子，咋说了半句话？"

小赵连忙摆着手说："不是不是，事儿不大，我看您又那么忙。"

牛局长说："是一个拆迁户的名字问题吧，我正想找你们呢，你了解情况，给我说说。"

小赵愣了愣，指着不远处的刘振平把事情的原委说了一遍。牛局长笑着说："行了，我知道了。"接着他又对凑过来的刘振平说："你在这里等我一会儿，那边还有点事需要处理，我半个小时后就回来。"

采访刘振平的时候，刘振平："牛局长走后，小赵跟我在原地等着。我问小赵，你们小组又多人了？小赵说，没有啊。我说，那刚才跟你说话的那个是谁，咱们等他做甚？小赵说，人家是市公安局的副局长。我当时根本就不信。小赵说，快回家取上身份证户口本，一会儿好跟着牛局长去办理。我忙跑回家找出东西跑出来。我们两个等啊等，等了快一个小时也没见着人影。我当时想，这大概又没影儿了。就跟小赵说要回家吃饭。小赵让我再等等，我没搭理人家转身就走。刚走出两步，牛局长满脸是汗地从巷子里出来了。他看到我的样子，一个劲地说着对不起、对不起，让你等了这么半天。"

刘振平说这番话时有些激动，还用手比画着。

他说："真的，我也好几十岁的人了，这样的领导还真没见过几个。"他似乎怕我不信，又强调："你别不信，我说的都是真话，没有一点儿溜须的意思。"

人心都是肉长的

在包头历史上，以"脑包"做地名的地方有很多，如西脑包、黑脑包、大脑包、脑包梁、五里脑包、哈业脑包等。如此众多的脑包，人们叫熟了，也喊惯了，可真正问起它们的含义和出处时，却没有多少人能说清楚。脑包其实指的就是敖包，是蒙古族在自己游牧生活的区域内，选择一处高地，用石头垒筑的圆形堆，其上立木或插树枝，悬挂经幡或哈达，主要用作祭祀。

北梁棚改范围内就有这样一个地方，它就是西脑包。虽然也叫脑包，但如今的它跟"脑包"也没多少实际联系了，连片低矮破旧的平房，窄小的巷子，仅仅是个地名而已。西脑包办事处是北梁棚改五大办事处之一，办事处下设的24个征拆小组同时开进着各自的目标。

王晓琴，三十多岁，戴着眼镜，白净斯文，是西脑包办事处副主任、井坪社区三片区组长。第一次见到王晓琴是在征拆现场，她的形象让我们有些诧异，因为宣传简报中的她是以一个女汉子的形象出现，而眼前的她远不是那个样子。由于王晓琴实在没有时间接受采访，只得另约时间。

从现场出来，负责西脑包办事处宣传工作的秦丽萍似乎看出了我们的诧异，笑着说："咋的，和你们想象的不一样？"

"那，简报上的文章是谁写的？"我们问。

秦丽萍说："我写的，怎么，有疑问？其实，我在用'女汉子'三个字时也斟酌了很久。你看她好像弱不禁风，可她瘦弱的肩膀承担的压力就算是五大三粗的男人也体会不到。她们家就姐弟俩个，父亲已经去世，弟弟在北京工作。她妈患有肝硬化、尿毒症，每个礼拜要去医院做三次透析。每逢这时，她得大早起来先把她妈送到一附院，着急忙慌地安顿好，再着急忙慌地往征拆片区跑，忙活到中午再去医院。今年四月，医院给她妈还下了病危通知书，这下更忙了，医院和征拆现场两头跑。有一回，她跟我说，人家都说陪床累，可我咋就不觉得呢，有一段日子，我觉得这世界上最亲的东西就是医院里我妈病床旁的那张床了。"

秦丽萍是个温婉的女人，这次北梁的拆迁她既是征拆干部也是被征拆对象，她的父亲是东河区有名的瓷器收藏大户，住在三官庙社区。去年"百日攻坚"期间，秦丽萍的父亲是最不情愿搬迁的一个。

她在讲完王晓琴的时候，我们顺嘴问了一句："你咋做通父亲的工作的？"

秦丽萍迟疑了片刻，她似乎还沉浸在王晓琴家的琐事里。稍后，她笑着说："哦，我父亲。跟你说吧，当时我也犯愁，我爸年轻的时候就喜欢瓷器，隔三岔五就往家里倒腾。这么多年了，家里到处都是瓷器，带着这么多的东西搬家真叫个愁。再说去哪儿能找到这么大的院子呢？我真不知道该怎么跟我爸说，好几次话到嘴边还是咽了回去。有一天下午，我下定决心准备跟他谈，必须让他搬家。等我到了那儿，他正站在一个一人高的瓷瓶前，观赏摩挲着。他的动作和神态根本就不像是对待一个冷冰冰没有生命的瓶子，那种感觉就像是对待自己的老熟人。我当时都有些嫉妒了，他对我们姊妹都没那样认真瞅过。我以为他没察觉到我回来了，就没打扰他，轻手轻脚地坐在了沙发上。他忽然说话了：闺女，我知道你回来干什么，你不用给我讲什么，爸还没老糊涂，还懂得事理，别的不说，就是为了支持我女儿的工作，我也得搬。再说了，这次棚改对那些穷人来说是多大的好事呀！咱家的房子已经寻下了，你不用费脑筋了，集中精力做好你的工作吧。

"听我爸说这些话，我很感动，那些天我想了好多说服他的方案，进门那一刻甚至做好了跟他吵嘴的准备。我爸打小就疼我，最怕我哭，我当时一句话都说不出来，鼻子发酸，眼泪由不住流了下来。我爸转身看我哭了，过来摸着我的头说，闺女，别哭、别哭，爸明天就搬，明天就搬。那几个花瓶太大了，寻下的房子放不下，爸已经把它处理了，一会儿买的人就来了。他这么一说，我越发控制不了自己了。我爸拍着我的肩膀说，闺女，爸也知道你不容易，爸看见过你给居民们做工作，见过你被人家冷嘲热讽，被人家从家里推出来。爸当时也难过啊，我的闺女哪受过这么大的委屈。爸爱这些瓶瓶罐罐，更疼你们姊妹几个。"秦丽萍的眼睛湿润了。

棚户区改造，对于绝大多数北梁居民来说，是天大的好事，但对于有些人来说，就未必是这样了……

正式采访王晓琴是在一个初秋的下午，原本以为她会讲关于她母亲的事情，让人意外的是，她基本没咋提到母亲，而是讲起了团队精神，讲起了拆迁工作中的小窍门、小办法。

王晓琴说："你们采访我，其实也没啥好说的，我给你们讲一段儿故事吧。有一个叫苏荣艳的居民，她住的房子是结婚时婆婆给买的，70多平方米，二层土楼。这个女人命不好，结婚刚四年，丈夫车祸被撞成了植物人，要照顾男人还要带孩子。我们入户的时候，她婆婆来了，非说那房子是她的。我们两头做工作，最后达成了协议，房子一劈两半，婆媳各分一半。她们达成协议的那一天，我们所有人都松了一口气。谁也没想到协议达成了，可这个苏荣艳就是不选房。整整十天的工夫，我们一次一次往她家跑，她今天推脱女儿病了，明天推脱家里有事去不了，后天又说去医院看丈夫。唉！

"有一天晚上，我们从另外一个居民家出来时已经快十点多了，路过她家门口，见她家的灯还亮着，就推开了她家的门。你是没见当时的情景，家里那个乱就别提了。看到我们进来，苏荣艳木呆呆地也不说话，大热的天，她给床上的孩子盖了两层被子。我见孩子小脸儿通红，就问，孩子发烧了？她也不搭茬，我上前摸摸孩子的脑门儿，热得直发烫。忙说，烧得这么厉害还不去医院？她说，发发汗就好了。我忙打发小赵买了个体温计回来，测了一下孩子的体温，41℃。我说，快送医院吧，别把孩子烧坏了。这时她才悄声说，没钱。我说，快给孩子穿衣裳，钱我们给你凑。

"说句心里话，我们几个当时根本就没想别的，什么拆迁呀，做工作呀，我们是怕孩子烧坏。交完钱给孩子输液的时候，苏荣艳低着头说，王主任，真对不起，我到现在不搬，是因为我根本就拿不出钱来。北梁的居民真苦呀，也就几千块钱，居然拿不出来。我错愕了很久才说，先别提这个，等孩子好了，我们帮你想办法。孩子输了两天液就活蹦乱跳了。后来我们帮她算了细账，选什么样的房子，怎么能少花钱，又做通她婆婆的工作，帮衬了她一把，这个问题终于解决了。"

王晓琴说："人心都是肉长的，你对他好，他就对你好，你为他着想，他也会想着你。就说选房吧，哪个居民不想先选房子、选好房子？怎么才能让群众选上满意的房子呢？那就是尽量让他们在第一时间选房。选房证是隔一段时间才出一批，为了让我们小组的居民能够选到称心的房子，每次办事大厅出选房证那天，我们小组都是早早地去排队。后来，别的小组也开始早去，我们只能去得更早。有一次，我早晨六点多从家里出来，等到了办事大厅的时候，远远看到那里已经有几个人在排队了。我挺郁闷，也挺后悔自己在家因为孩子的作业耽误了一会儿，就快步走去。还没到门口，就听到有人喊，闺女，别急，是我们！我怎么都没想到排队的竟然是我们片区的几个老太太，她们在替我们排队呢！其中的张大妈看走到我跟前，从兜子里掏出一个热乎乎的鸡蛋饼说，王主任，吃吧，我们知道你还没吃，刚刚烙的，还热着呢！"

征拆中的"女汉子"们

崔强，一个男性化的名字，见到她之前一直以为她是个男的。采访她时，险些闹出笑话来。那是暮春的一个清晨，我们没有跟任何人打招呼来到了三官庙社区居委会。办公室靠墙角的一个桌子旁边围了一群居民，一个短发女干部干脆利落地站在那里向居民解答着问题。

本想跟她打听一下崔强在哪里，可看到人家那么忙，就只好等着。这一拨居民还没走，下一拨又进来了。女干部的个子不高，我们只能从晃动的人头中看到她始终如一的微笑，听到她清脆悦耳的说话声。

眼看一个小时过去了，我的采访搭档有些着急，几次站起身。女干部似乎察觉到了，她对刚进门的老夫妻说："大爷大娘，你们先等等，那边的两位等了半天了。你们有啥事？"

我们拿出采访证说想见见崔强。办公室里的几个居民好奇、疑惑的目光投过来。女干部笑着说："我就是崔强。两位稍微等等，那边饮水机里有热水，杯子就在下面的柜子里，自己倒水喝，我一会儿跟你们聊。"

当墙上石英钟的分针和时针重叠到 12 了，崔强办公桌前总算是没了人。她笑着说："还没吃饭吧？下面有一个小面馆，面做得不错，关键是快，我请你们。"

在面馆坐下，我们问："听说去年是你陪着李克强总理一起入户到居民家的？"崔强的眼睛一亮，笑着说："说实话，我当时又是紧张，又是激动，说话多少有些不自然，他问我一个月能有多少收入，我回答的有些磕巴。直到陪着总理前往居民家时，我才适应过来。在一个巷子口，总理指着里边问我，这里还有居民住吗？我忙说，有！总理的眉头皱紧了，他径直走进了那户人家，就是高俊平家，也就是现在人人都知道的光屁股小孩家。"

崔强很忙，吃面当中先后接了三个电话。接完最后一个电话，她推开面前的碗笑着说："今天片内'三无'人员老陈要搬家，我得赶紧去看看，你们先吃着。"听说她要入户，我们当然不能错过这个机会，就紧跟着她的脚步。崔强走得太快了，一路走一路还在打电话，召集人员。我们几乎是小跑着才能跟上她。我的搭档笑着说："你怎么走得这么快！"崔强说："这条路我每天都要走十几遍，有时候一天要走几十遍，比你们熟，哪儿有个坑、哪儿有个包，闭着眼睛也知道。"

她边走边说："老陈可怜，六十多岁了身体还有残疾。他是无儿无女无房的'三无'人员，一直在我们社区租房子住。几年前，一场车祸伤了他的股骨头，腿残了，肇事司机也跑了。本来就孤苦，无依无靠，生活困难，这下就更难了。我一直为老陈去哪儿住的事儿发愁。好在像老陈这样的人可以申请过渡房，我们就抓紧为他申请了一套。"

　　到了老陈家门口，几个年轻的小伙子早就等在那里了。崔强人还没进门就喊开了："老陈，人我都给你叫来啦，赶紧把你值钱的东西收拾了。你腿脚不方便，大件儿的让别人抬，床我也给你踅摸上啦，一会儿我就跟人家商量看床能不能送给咱们，要是不能，我们再给你买一个，今儿天黑前咱们争取住进去！"进了屋，崔强一边利索地帮老陈归置着东西，一边唠叨着："这有啥用，扔了是件东西，搬过去百辈子也用不上一回。""那个破相框要它干啥，啥东西都是好的！"她嘴上虽然这么唠叨着，却迅速地把那些破烂打包起来，递给一旁的小伙子。崔强这一忙活，旁边的老陈反倒不知道该干啥了。

　　5 月 27 日，刮了一夜的大风仍然没有停下来的意思，我们在一片拆平的空地上再次见到了回民办事处副书记王俊平，她当时正在给一户居民做着工作。之前，我们见过王俊平，知道她在"春季战役"中负责黄土渠三片区的征拆，也知道她们片区的 103 户居民的征拆任务 5 月初就完成了。

　　因而我们笑着询问缘由。

　　王俊平也笑着说："别以为我荒了自家的地去种别人家的田。"我们忙说："知道你自家的'地'种得挺好。"

　　王俊平说："我们征拆小组的工作是完成了，可我们办事处有些小组的工作还没有完，我心里不踏实。做事不能只考虑自己，只有办事处所有片区的任务都完成了，才能算完。"

　　王俊平给人的第一印象是个雷厉风行的女人，感觉她的性格很硬。一次闲聊中，我们提到她的家人，她柔情的一面才显现出来。

　　王俊平说："北梁征拆以来，我最亏欠的是我丈夫。去年，他高烧不退，在医院检查了几次，都没查出问题。可一到下午就莫名其妙地发烧。看见他无精打采的样子，我心疼，着急，愧疚，拆迁忙得连口像样的饭都没时间给他做。丈夫最爱吃我做的红烧肉，也总惦记着抽空给他做。说起来不怕你们笑话，我连续买过三次五花肉，都没做成。第一次刚刚买上肉，还没等拎回家，那边的电话就来了，事情很急，我撂下肉就去了。第二回，肉都切好了，锅里的油也热了，我又走了。等我晚上回到家，看到一盘子黢黑的肉，知道那是丈夫的'杰作'。唉，当时我的眼泪在眼圈里打转，自己算什么女人呀。丈夫病情严重的时候，我和两个小叔子陪他去北京检查，火车上看着他难受的样子，下定决心这回一定陪着他。可等到病情一确诊，知道没什么大问题，我的心又飞回了北梁。

"我把他托付给小叔子时，小叔子都跟我急眼了。他说，嫂子，你的工作就那么忙？你就那么重要？北梁拆迁离开你就不拆了？人什么时候最需要关心？你懂不懂！我当时被问得哑口无言。怎么也没想到，晚上，我丈夫把一张火车票递给了我说，我这儿没啥事儿，你留下了也心不在焉，回去吧。唉，不忙的时候，想到丈夫，我就特别愧疚，可一忙起来又啥都忘了！"

北梁的采访中，拆迁干部说的最多的一句话是："北梁的老百姓太不容易了！"

富圣明社区复美成巷40号院马大爷今年84岁，老伴李淑兰也已经81岁了，老两口相依为命，在北梁生活了二十多年。马大爷和老伴的身体都不怎么好，他患有骨结核，老伴腰椎间盘突出，老两口没有别的生活来源，每个月只能靠700元左右的低保金维持生活。虽然生活拮据，但这些在马大爷眼里并不是最大的问题。

马大爷说："最让人头疼的是生活在这儿太不方便，一到阴天我这腿疼得厉害，老伴也下不了床，水没法打，炭弄不回来，上厕所更是问题。去年我不小心在院子里摔倒，脸上划了个大口子，现在刚刚好。"

负责马大爷家征拆的底香兰说："看着都让人心酸，今年过起年，马大爷老两口连着来了好几次。每次来，都把一个包裹得严严实实的户口本递给我们，里面夹着老两口的身份证、马大爷的残疾证。每次来都重复着同样的话：

底主任，过几天该拆咱们这一片了吧？楼房大小我都没什么要求，能让我们老两口住上新房享几天福就行了。

"人上了岁数，出门走这么远的路不方便，我又怕他们磕了碰了，就跟他们说，大爷，不要总来了，你们要是不放心，我们顺路每天过你那一趟，有啥情况，马上告诉你。"

马大爷说："底主任真是好人，她说话算数，后来几乎每天都来我们家。即便她不来，也有其他后生闺女们来，我们家的手续办得省心，没用我们跑什么腿。"

八十多岁的马秀兰住在东营盘梁2号院，老伴去年年底突然去世，留下还在上学的小孙子与她相依为命。丧偶之痛是一个坎儿，拆迁这样的大事，对她来说更像是一道高墙，老人心里的难可想而知。由于体弱多病出不了门，儿子又在外地，女儿代表母亲来商谈，老人认为漏登了女儿的信息，提出了超出政策范围的要求。片区组长杜瑞平拿到信息后，明确告知可以要两套房子，而且女儿早已成家，不在这儿住，户口本上并没有女儿的信息，漏登问题不存在。几番协商不成，工作人员改变了方法，把老人、儿子、女儿和孙子都集中到一起，把产权调换、货币补偿等各种情况细致地讲解测算，让她们自己选择最合适自己的方案。拆迁干部又联系果树专家第一时间为她家的葡萄树做了鉴定，最终达成了协议。考虑到马秀兰的儿子在银川做生意，多耽搁一天就有一天的损失，小组工作人员一齐上手专事专办缩短了办手续的时间。事后马秀兰激动地说："真的谢谢你们，看到你们，我才知道现在的干部真的不一样了，你们真的是为我们老百姓办实事儿的！"

家住黄土渠社区西营盘梁24号院72岁的回族老人邢子清最近心事重重。邢子清腿有残疾，一家四口在这里生活了二十多年，曾有过八年六次搬家的经历。这次安置，老人心里既高兴又存有顾虑：房子能不能离清真寺近些？

能不能选个方便出行的楼层？家里经济困难能有什么补贴……

负责他家征拆的法官高阿韬很细心，她知道他们在想什么，她一下子为邢子清一家设计了十二套选房方案。这十二套方案从他们家的经济条件、身体状况、家庭成员以及他们的宗教信仰等多方面都考虑到了。后来，她又多次上门坐在老人身旁详细解说每套方案的利与弊。最终，老人顺利选定一套50多平方米的房子，儿媳选了一套75平方米的电梯房。

夕阳西下，重新站在转龙藏的亭子上，北梁动迁干部刘旭光的几句诗浮现在我的脑海："青砖褐瓦古味悠，高门深院几代流。暖炕画阁茶意浅，花窗檐飞酒香柔。此景拆迁已绝去，情思难慰喜之愁。长泪相拥浸故土，往事尘封入高楼。"

安美小区居民的忧与喜

125平方米，上下两层土二楼，干净整洁的地砖，平滑如镜的瓷砖，精美的壁纸，让房间充满了温馨感。木质楼梯将客厅和卧室上下分开，为想要独处安静的人创造了舒适的环境。房子外还有一处小院可以根据主人的喜好种一些花花草草，院里有一个不到25平方米的小凉房，冬天还能当做冷藏间，这就是东河区福义街安美小区张平的家。

一清早，张平就听到了敲门声，动迁组又来他家做工作了，他不愿意拆迁，整个安美小区这10栋228户居民中的好多人家都不愿意拆迁，毕竟安美小区不同于梁上那些密密麻麻的破旧平房。安美小区虽然也处在棚改区域内，但小区是按照土二楼的结构建设的，有些是独门独户，最大的有150多平方米，最小的也有70平方米，上下水方便，这对于生活在北梁的人算是相当不错的住宅了。征拆开始后，安美小区的居民几乎一致认为，他们不需要拆迁，拆迁的应该是那些老旧平房。为此，张平和安美小区的居民对改造北梁都非常支持，尤其是看到一片片平房消失了，看到附近居民搬到新楼房那股子喜庆劲儿时，张平也为他们感到高兴。但随着 2014 年动迁开始，安美小区立刻变成了拆与不拆的焦点。张平记得很真切，当动迁干部第一次走到他干净整洁的家，看到装修精美的内饰时，心里就起了矛盾。是啊，谁会愿意从这样的房子里搬走呢，动迁组同张平也只是了解了一些他家的情况，就匆匆走了。张平明白，动迁干部一定是回去向上一级做汇报，来决定安美小区的命运。

　　安美小区的居民大部分都是近年来包头务工的人，也有原来东河型砂厂的部分职工，企业解体后，原地盖起了小区，经济条件稍好些的职工从优购买了房屋，安置下来。小区居民平时很少像北梁大院小巷那些人家一样，坐在一起抽着烟聊天或是捧个饭碗凑在一起边吃边聊。自从动迁干部做完入户调查后，居民们开始了交流，他们的直觉就是安美小区不会被拆，政府不会花冤枉钱把这么好的楼房给推平了。张平送走了动迁干部，他也随着走出了门，沿着小区的柏油路走到了 6 栋王大爷家。平日里张平是不会进王大爷家的，他受不了王大爷的又乱又脏，食物乱放，发了霉还摆在茶几上，惹得苍蝇在上面乱飞。原本应该是洁白的墙面上也到处是鞋印和小孩子乱划的铅笔道，地上堆满了杂物，铺盖卷都摊在炕上，看上去和电视里的难民所没什么两样。张平始终想不通，好好的房子为什么就不好好打理一下呢，要不是为了小区拆迁的事儿，自己才不想进这个屋子呢。

　　"小张，你来了，快坐。"王大爷见到张平忙指着沙发说。

　　"哦，我来就是想问问你，动迁组来过你家了？"张平看着一团没洗过的袜子，乱七八糟地丢在沙发上。沙发布也早已失去了本色。

　　王大爷看了看站在地上的张平有些不悦，他心想，嫌脏就别来，站着算什么？他把沙发上的东西往旁边一扒拉，指着空出来的一块说，坐吧。

　　张平勉勉强强坐下，又问了他一句。王大爷盘着腿坐在沙发旁边的简易床上，拿出一根烟让张平抽，张平摆手谢绝。王大爷点着烟说："来过了，叫我骂出去了。"

张平笑了，他能想象出这个倔老头骂人的情景，一定让动迁组的人很头疼。

"不想搬吧？"张平接着说。

"想，马上拆了才好呢！"

"嗯？为什么！"张平奇怪，这老头儿到底在想些什么。

"娃娃住下一片，我要他四套房子，他们不给，我不把他们骂走等甚呢！"王大爷一口又一口地吸着烟，他不同于张平，张平有稳定的退休金，而他是型砂厂的工人，自从厂子倒闭后，他只有这套房子，其他收入来源就是和老伴在东北老家领取每个月200元的低保金。让他的生活雪上加霜的是，三个女儿都先后离了婚，老大带着双胞胎，老二带着一个孩子，一家八口人拥挤在不到90平方米的房子里。挤一挤倒是无所谓，但嫁出去的姑娘又都回来了，还带着孩子，这让王大爷怎么都觉得难受。自己的气自己受，王大爷心里有再大的火，他也不好向自己的闺女们发作，也正是在他不知所措之时，北梁拆迁开始了。他多方打听到，第一批征拆房子中，有的人家就分到了两到三户房子。他还打听到，这回拆迁特别实惠，尤其是对低保人群和没有能力购买房屋的人群。王大爷开始兴奋起来，他寻思着趁拆迁的机会，以他现在的贫困程度最少也得要上四套楼房。他和老伴一套，三个闺女各一套，有了房，孩子们就有希望尽快再婚，也算是缓解了他的心病。为此，他天天盼着小区的拆迁。

张平听了王大爷想要四套房子，心想，这和不同意拆迁有什么区别呢？只要小区居民没有突破口，拆迁就进行不下去。张平本想和王大爷再说点儿什么，但是看了看茶几上发霉的食物，实在是待不下去了，起身离开了王大爷家。回家的路上又遇到了李军的媳妇，他猛然想起邻居们曾谈起小区拆迁的突破口有可能就是李军家。为此，他还找过福义街街道主任巴青华了解他们家的情况，他记得巴主任说李军媳妇是一个苦命人，丈夫赌博成瘾借钱骗钱，欠下一大笔赌债。追债的人每时每刻都不放过他，一家人在惶惶不安中度日。最终经法院判定他家需要偿还债权人 44 万元。对于李军家来说，几万元都是一个天文数字，更何况 44 万元，卖了他也还不起啊。李军的房子只有 88 平方米，因为没有产权房本，按当时的市场价也卖不到 40 万。李军实在偿还不起债务，最后做出了最不负责任的事情——把所有的问题都留给了媳妇和孩子，自己离家出走不知去向。李军媳妇带着孩子面对着债权人整天以泪洗面，她一个女人拿什么偿还丈夫欠下的赌债？北梁征拆工作开始了，安美小区的征拆也在其中，债权人早就想借着拆迁把李军媳妇跟孩子赶出去了。

张平也为李军的媳妇、孩子可怜。

张平来到李军家，满怀同情地问李军媳妇："你家房子打算咋办啊，同意拆了？"

"拆不拆我也说了不算，我现在是能多住一天算一天，拆了房子，我和孩子去哪住，动迁组的人找我也没用呀。"

"房子手续办给那个人了？"张平关心的是房子的归属人现在是谁。

"法院判了 44 万，又没说把房子给他，他倒是逼着我把房子先尽快交出来，可交出来我去哪住？这房子本身就没有产权，现在可好，又被放债的盯上了，我现在也不知道该咋办，活一天是一天吧。"李军媳妇无奈地回答，让张平不好再问下去了。

安美小区动迁组的工作人员回到拆迁指挥部，把类似于张平家豪华装修的情况和王大爷想要搬迁的理由以及李军媳妇的无奈等几类问题进行了分类汇总。

安美小区于 2007 年建成，2009 年居民入驻，属于没有产权的违章建筑。因此在落实北梁拆迁政策中要按照自建房的房价计算的话，对房屋拥有者肯定不合适，如果按市场价计算更低，而且不受法律保护。小区的房子结构不够标准，建造时地基并没有按照设计要求施工，导致现在地基下陷，有的住户墙体已经开裂。单从这两点说，安美小区就一定要拆迁。

从人性角度出发，居民的人身安全要放在首位，不合规范的建筑就是最大的隐患，另外北梁的征拆是一件人人都说好的惠民工程，安美小区居民何不借此机会寻求一处安全且有产权的房子？动迁组的工作人员秉承着这一理念，再一次挨家挨户地去做工作。对于居民来说，他们不了解小区的安全隐患，动迁干部再一次来，说明他们必须要面对拆迁的现实。但他们似乎是商量好了，凡是动迁干部敲门一律不给开，有的甚至在屋内连声大骂，让干部们面面相觑，不知如何是好。

福义街街道主任巴青华性格豪爽，自安美小区建好后，一直就是这儿的街道主任，对这里的每一户居民都很熟悉。

一个风和日丽的早晨，王大爷全家吃过早饭后，上班的上班，上学的上学，都走了。王大爷盘腿坐在床上抽着烟，想着过去，盘算着未来。一阵敲门声传来，他知道又是动迁组的人来了，便没好气地对着门大喊："告诉你们，除非给我四套房子，否则不搬！"

"王大爷！是我，巴青华。"

王大爷愣了一下，自从搬进安美小区，巴主任来过他们家，她热情直爽的性格很对他的脾气，就像是看到了东北老乡一样。王大爷虽然性格倔强，他喜欢的人他是不会拒之门外的。于是他打开了门，请巴青华进了家。和张平差不多，动迁干部进了王大爷家，也是无处落脚。家里到处堆得都是杂物，甚至生活的必需品也夹杂在其中，拖鞋、皮鞋、布鞋一只只散落在地面上，如果是不知情的人来了，还以为王大爷签了搬迁协议正在搬家呢。巴青华看了看有些尴尬的身边的人，什么也没说，只是用手把堆在沙发上的衣服袜子推到一旁，然后把鞋子一脱两腿一盘，坐在了沙发上。王大爷看看巴青华，也盘腿坐在了她对面，还指着桌上的馒头咸菜让巴青华吃。巴青华笑着说，早饭吃过了，下次来你家专门吃炖酸菜。巴青华的一个动作、一句话立即拉近了与王大爷距离。人与人之间的关系有时很微妙，就像眼前的王大爷，他谁的话都不听，就愿意听巴青华的。

巴青华不仅敲开了王大爷的家，也敲开了许多居民的门，他们除了宣传拆迁政策，还把小区存在的隐患明明白白讲给大家。

不几日，张平又找到了王大爷，他直接问："你的四户房子有着落了？"

"没有，人家说什么也不给。"

"我听说，你同意搬迁了？"

"巴主任来我家好几趟了，根据我的房子和家里的情况，帮我精打细算，还带着我看了好几个小区的现房。"王大爷眨了眨眼睛对张平小声说："你知道不，现房已经不多了，好的房源快没有了，你要是再不选就怕没机会了，赶紧吧！"

"巴主任答应给你几套房子？"

"两套，一套86平方米期房，一套50平方米的廉租房。"

"没了？"

"没了。"

"离你的要求差得远了，你就同意了？"

"再不同意，廉租房都没了。我问过了，等着住房的人太多了，好歹巴主任还能给我解决一套廉租房，已经算不错了。等大房子下来，我打算和老伴过去住，清净几天，把这廉租房给三个孩子，她们有本事就嫁人，没本事就窝在家里，我老了，也操不起这个心了！"

邻居们的态度一天天在变化，张平心里有些动摇了。最要紧的是16栋1号杨洪垒签了搬迁协议，这是小区第一家签的，听说也是给了两套房子，情况和王大爷的差不多。杨洪垒把一套给老人住，一套自己住，听说还很满意。现在邻居们都担心如果协议签的晚了，连廉租房也没了。

第一户的协议签了，第二户、第三户也都开始跟着签了。在居民们还有些犹豫徘徊之时，巴青华又带给大家一个新闻，李军家也签订了协议，并还清了债务，李军的媳妇和孩子得到了一套有产权的廉租房。还有一个更好的消息，动迁组为李军的孩子解决了工作，安排到了新区物业。小区居民让巴主任把这个故事讲清楚，他们都觉得很好奇。

天上掉下个馅饼

若是你留心，你会发现老包头的地名叫得挺有意思，除了前面说到的"脑包"外，还有据地形命名的：如瓦窑沟、召拐街、大水卜洞等；按寺庙所在地命名的如财神庙、三官庙、真武庙巷、文昌庙十字街等；按行当和产品命名的如牛桥街、粉房巷、口袋房巷等；按商号命名的如复美成巷、天成永巷、大顺恒巷等；也有以家族姓氏命名的如丁家巷、王国秀巷、郭家巷，等等。

这些地名虽然显得有些土气，但每一个却都是活生生的，不用翻看历史，它们本身所承载的信息就在诠释着老包头、老北梁的过去。"与时俱进"是近些年的一个流行词语，北梁的地名也随着时代的变迁不断延续着自己，到了二十世纪六七十年代，东河地区出现了一批地方企业，一些新地名也随之出现，如耐火宿舍、农机宿舍、螺丝厂宿舍、无线电宿舍、交通宿舍、土产宿舍、搬运宿舍、环西宿舍，等等。

这众多的"宿舍"，就是地方小企业辉煌时期的产物，也给老北梁曾经有过的繁荣留下了精彩的一笔。说到宿舍，总能跟单身联系到一起，而事实上也确实如此。当初这些宿舍住了许多单身。时间如同一个魔术师，它能让许多东西不可思议的变化着。宿舍不断地膨胀，企业却在那个特定的年代开始衰败了。

原来在马车二社上班的李大爷说："北梁人穷，跟这些小企业的倒闭是有关系的。"

耐火厂职工老刘说："九十年代，北梁上的小企业呼啦啦倒下一大片，北梁人咋能不穷?!"

李大爷的观点对与错，没有人给出断言，老刘的说法正确与否，也没必要再去弄个明白，但北梁上众多小企业厂址的拆迁是横亘在整个棚改面前的一道坎。每拆迁一家这样的企业，都要随着那些残破的厂房回到过去，重新梳理一遍它的衰败过程。

企业征拆组三组组长韩志高说："居民的征拆难，可每户毕竟有做主的人，你找一个人谈，找一个人做做工作往往就能解决。企业的征拆就不同了，尤其是一些已经名存实亡的小企业，历史遗留问题很多，别看它平时就戳在那儿任由风吹雨打，没人理睬。当你开始要动它的时候，企业曾经的管理人员、员工便一传十、十传百地聚集起来，遗留问题犹如被一条无形的长线一股脑给扯了出来。企业的产权、债权债务、转制衰败时的是非对错等等问题都集中爆发出来，职工们都希望借着企业拆迁的末班车来实现自己的利益诉求。人都有老的时候，老了，干不动了，就需要养活；人也都有病的时候，病了，当然需要去医院看病，这样企业的拆迁就跟原本不搭界的养老问题、医保问题自然产生了交集。"

征拆组老张说："北梁上的小企业都是集体企业，大部分在二十世纪九十年代垮掉了。那时很多企业都是买断工龄，好一点的单位还能把职工的档案交到社保局，差一点的单位连职工的档案都找不到了。这些职工当年可能只有三四十岁，养老还不是问题，他们自己当时也没有想过以后，如今这些人大都五六十岁了，养老、医保等都是切实的需求。"

北梁大仙庙梁25号的原市工程机械厂就是这样一家集体企业。这次棚改，如果不是它恰好处于拆迁的核心地带，这个原本已经被淡忘的名字可能早就被时间的长河彻底湮没了。

这家工厂兴起于二十世纪七十年代，没落于八十年代，消亡于九十年代。曾经有职工167人，主要生产混凝土搅拌机、振动平台等设备。企业虽小，五脏俱全，南边是生产区，北边是办公区，车钳铆电焊、翻砂铸造样样齐全。企业职工百分之九十五是北梁本地居民，回族居多，他们大多数人现在都还住在北梁上。

从它的归属上，能够清晰地看出衰败的过程。开始它隶属于市工业局，市属企业；后来又划归东河区经委，区属企业；再后来归到了回民办事处，就变成了一个街道作坊。

八十年代中期，厂子经营困难，多数职工回家待岗。待，当然是指等待，职工们守着的只是想象的空间，这一待就是三十年，这一待成了永远的等待！曾经的老年人如今步履蹒跚；曾经的中年人如今白发苍苍；曾经的年轻人如今满脸沧桑……

九十年代，企业改制一分为二，原来的办公区还叫工程机械厂，原来的生产区却成了业鹏机械有限公司。这次改制让部分老职工受益了，他们被划拨到另一家企业办理了退休，剩余的职工却没了着落。那时，国家正在实施社保政策，由于企业早已陷入困境，根本无力负担职工的养老保险，只给部分职工缴了不到一年的社保金。

忽然之间厂房设备都没了，心存幻想的职工们心理失衡了，他们开始无休止地上访，反映问题。政府多次出面协调解决，还专门出了一个会议纪要，业鹏机械有限公司重新回到工程机械厂。回去是回去了，可这家企业已经回天乏术，1995年彻底停产，被东河区工商局注销。此时的企业已经不复存在，彻底湮没在职工曾经的记忆里。由于工厂停产注销后无人管理，后续事宜没有人与社保有关部门及时沟通，造成了拖欠社保金的后果。

那个时期，国内和这家工厂一样命运的企业多不胜数，当时文坛上的几位作家如谈歌的小说《年底》《大厂》、李肇正的小说《女工》、张宏森的小说《车间主任》等作品都是以九十年代在市场经济大潮中受到猛烈冲击和严峻挑战的企业现状作为背景的，作品大都以朴素的语言和平实的手法叙述着那个年代陷入困境的工人们的生存状态。现实中太多的普通人与文学作品中的人物故事有过同样类似的经历，因而产生了广泛的共鸣。

在众多文学作品中，电视连续剧《贫嘴张大民的幸福生活》将此类故事演绎到了极致，主角张大民所属的暖瓶厂，妻子所属的毛巾厂与北梁上的众多地方小企业又是多么相似，许多人家一大家子挤在大杂院一处20平方米的狭小的生存空间……这些境况在如今的北梁都在活生生地再现。

大仙庙 25 号的工程机械厂院子里，散落在四处的职工们又重新聚集到了一起。他们始终觉得这企业是他们的：不论你如何改制、不管你如何裁定，工厂是他们一块砖、一块瓦建起来的。你别跟我讲什么产权不明晰，我不懂，你也别跟我谈什么企业已经被注销，我弄不明白，我只知道工厂应该属于我们。

该厂的产权不明晰主要是厂址土地的产权不明晰，建厂是在 1975 年，那时北梁上的人并不是很多，闲置的土地却很多，企业在发展的过程中，周边的土地渐渐被占了去。没人想着办什么手续，好像理所当然就应该是这样，谁也没觉得有什么不妥当。到了九十年代企业改制，虽然土地作为企业资产的一部分，但当时每亩最多也就值 6000 元，依旧没有引起人们太多的关注，而厂房设备相对于廉价的土地，就显得很值钱了。可随着时间的推移，原本不值钱的土地不断增值，而原来的厂房设备则加速贬值。这一增一贬，土地的产权问题便被扯了出来，成为一个焦点。政府说得没错，产权不明晰绝对是事实；职工们也说得没错，这企业是我们建起来的，当初你为什么不讲产权不明晰呢？层层积累起来的矛盾现实让他们不能接受。

他们无法接受的还有厂子因资不抵债抵给第三方这个事实，职工们普遍认为他们是企业的主人，厂子的重大决定要职代会通过才能执行。企业抵给第三方根本没有通过职代会，因而即便是法院已经判决，他们也不认可。有些职工特意拿出了《中华人民共和国城镇集体制企业条例》说事儿。

为了守住他们的利益，100 多名职工在王世文的牵头下，开始轮流守护着这个早已经不像厂子的厂子。

王世文今年 50 多岁，1978 年入厂，1983 年待岗，眼下是个自由职业者，是一个对影视作品情有独钟的人，现今做制片工作，开有自己的博客。是一个和文化沾点儿边儿的人，常年在外，经见的事情多，职工们推举他做了领头人。

王世文对笔者说："虽然推举我做了领头的，可这个头不好当呀。100 多人，各有各的想法，各有各的难处，大家忽然聚到了一起，意见也比较杂乱。当时普遍的心态是借着这次拆迁，能弄一万是一万，能弄两万是两万，实在不行给几千块钱也行。说句心里话，看到这些当年的同事、邻居、老友，我心里挺酸楚的，他们多数人生活困难，他们也不清楚到底能不能给点儿补偿，都抱着有枣没枣搂一竿子的想法。我原本就是这个企业的职工，更清楚企业的情况，也多次参与了上访。征拆组韩志高组长跟我谈过，厂子的产权本来就不明晰，又因资不抵债，早已经抵给了第三方，法院的判决书我也看到了。我们这些企业曾经的主人面临房无一间、地无一亩的一个烂摊子，大家没抱太大的希望，但实在太穷了，都想借此机会为自己争取一点。"

针对企业征拆遇到此类的问题，北梁棚改现场指挥部多次召开会议。

韩志高说："区领导多次下去了解情况，作为这个企业的征拆组长，有那么一段日子我几乎天天去厂子。职工们的年龄、文化程度不同，他们说什么的都有。有时也挺无奈，你本来跟他在谈这个问题，他扯着扯着就扯到了其他地方。我理解他们，他们有怨气，我也能体会到他们生活的艰辛。有个叫邸凤莲的女职工，那么大岁数了，还得成天在外边捡破纸壳子、饮料瓶贴补家用。穷，真的穷！本来 2003 年就到了退休年龄，只需要补交几千块钱的社保费用，就能办理退休，可这几千块钱她就是拿不出来，结果就是办不了退休。她当时跟我说，我也知道能办理退休是块肉，可吃不到嘴里又有啥用。老职工邸荣在 2000 年就能退休，也是同样的问题，家里穷，拿不出钱，就那么一天天拖着，一直拖到了今天。"

为了彻底解决该厂的问题，现场指挥部多次召开专题会议，引导职工成立了职工领导小组，设立了留守小组办事处。区领导一锤定音：不论产权归属是谁，我们都要优先解决职工们老有所养、病有所医的问题！

随着征拆工作的深入，工程机械厂这团乱麻渐渐被理清了。在职职工共计拖欠社保 90000 多元，东河区政府不断跟社保协调，把能争取到的优惠政策都争取来，然后从企业征拆补偿款中量化出的资金替职工将养老保险、医疗保险、失业保险缴齐，之后将剩余的再分给大家。

老职工邸荣给自己算过一笔账，政府替他缴纳了4000多块的失业保险后，他可以领到两年的失业保险27000多元钱。政府给他缴齐医疗保险后，他的医疗费可以足额报销，享受的是40000多元的医保。全部算下来，他受益了十多万元。

用他的话说："这可是我们大家万万都没想到的结果，就像天上忽然掉下一个馅饼，一下子砸进了我们的碗里，都来不及咀嚼回味。"

迫在眉睫

市第一印刷厂是始建于1952年的地方国有企业，1998年改制接收了破产后的市精美印刷股份有限公司。由于机制不活、设备老化、生产任务不足等原因，2004年初停产。2005年7月，该厂与安徽康亚达印刷包装集团合作，成立了康亚达印刷有限责任公司，仅仅过去了两年，企业再次全线关停，职工待岗。2007年底，该厂组建企业留守处，原企业负责人与职工代表组成护厂队，负责管理固定资产。

市第四造纸厂与第一印刷厂一墙之隔，始建于1983年。它的前身是第一商标印刷厂的一个生产车间，1983分离出来独立成厂。1992年8月以来企业由于种种原因丧失持续经营能力，1996年，市中级人民法院裁定其破产，但并未进行破产清算等相关程序。1997年，被市三环实业有限公司兼并后市政府终止了有关协议，收回了第四造纸厂的土地使用权。2008年，由职工代表组成护厂队和企业留守处。

说到这两家企业，老包头人一点儿都不陌生，当年的户口本、粮本、月份牌等都出自第一印刷厂，四毛九一盒的青城烟盒、方瓶转龙液酒、雪鹿啤酒的包装商标、挂历台历等都是它的产品。第四造纸厂虽说是由一个车间分化出来的，却拥有当年华北地区最先进的一台造纸机——长网造纸机。它生产的纸品曾经出口加拿大、澳大利亚等国家，当年全国著名劳动模范马胜利就曾带着人来学习过长网造纸机的生产技术。

七十年代出生的第四造纸厂职工姚志勇说："我是1986年才参加工作的，就是我参加工作的那年，我们第四造纸厂也是西北地区造纸业的龙头企业。"

第一印刷厂原劳资科科长贾丽萍说："我们当年的生产任务根本就干不完，就是印刷那些商标，我们全年的任务都安排的满满的，产品在西北地区绝对是响当当的。"

两个人的年龄不同，采访的地点也不同，但他们提到当年工厂好的时候，脸上都洋溢着自豪。

征收办主任白建国说："我们进驻企业的那一天，天气非常冷，要水没水、要电没电，破烂屋子里冷得连人都待不住。就这条件，但工作必须快速展开。当时，第一印刷厂还好点，企业留守处的人员基本是这家企业的领导，第四造纸厂只剩下三个人，原来的副厂长在看大门。当天上午进驻后，我先张罗着拉来一车炭，然后打发人到处去借炉子。中午，我们连饭都没顾上吃，把借来的两个炉子安在了厂子三楼的会议室。这个会议室虽然也不大，只能容纳三十多人，但这是厂子最大的一个房间，下一步的职代会也只能在这里开了。"

白建国说到这里时，副主任白春梅接过话头说："别提有多狼狈了，两个炉子安好后，后边的那个炉子不好烧，咕嘟咕嘟地往屋子里倒烟，开窗户吧，冻得受不了，不开窗户吧，呛得待不住人。几个年轻人从小就是在有暖气的楼房里长大，他们哪经见过这些，都觉得受不了。看到他们的表情，我笑着说，这就是你们父辈曾经有的生活，你们正好也感受一下。"

就是在这种恶劣的条件下，征收办全线铺开了工作。

职工安置组组长张向明说："当初，大家都觉得'一印'的工作难做，人员多、遗留问题多，情况复杂。这家企业还有一个五七家属厂，对外叫第二商标印刷厂，归街道办事处管。他们的安置应该按照集体企业的标准来做，可就算是按集体企业来做吧，工龄补贴、生活补贴都是一样的，问题是他们什么都没有，几间厂房早就破烂不堪，充其量也不过能估个二十多万，这点钱对于四十多个职工来说，差的连影儿都没有了。这是典型的遗留问题，当年企业成立时，就应该把土地也划出去，可当时的大政策，企业的土地不允许剥离。这就不好做了，地上的资产不值几个钱，土地又属于'一印'，拿什么安置这些曾经做出贡献，如今已经白发苍苍的老人们呢？"

难归难，工作的推进速度却没有慢下来。

2014年1月8日，第四造纸厂的土地资产核实完毕：企业土地面积36811.7平方米，建筑物39项，实测面积12845.49平方米。构筑物包括水塔一个，蓄水池一个，50米深的枯井三个，围墙876延长米，硬化地面8600平方米。最麻烦的是这家企业职工的所有资料在被三环实业集团兼并后，竟全部遗失了。

2014年1月10日，第一印刷厂的土地资产情况核实清楚：土地面积27883平方米，建筑物37项，实测建筑面积10128.4平方米；职工宿舍4项，实测面积1514.82平方米。第二商标印刷厂建筑面积277.3平方米，自建面积24.32平方米。整个企业的机器设备共有108项，已经全部报废。截止到2004年10月31日，企业负债812.67万元。

两家企业的土地资产情况可以说是一目了然，可职工们的心态就千差万别了。像这样的老企业都有一个共性，往往一家三代好几口子人都在厂里上班，企业的破产倒闭造成这些职工家庭忽然间失去了所有的收入，陷入困境。他们怨、他们恨，却也很无奈。这些怨恨与无奈看似随着岁月的流逝渐渐淡了，其实并非如此，日月的积淀只是将那些东西埋在了内心的更深处。一次次不成功的企业改制，犹如一把把铁犁在他们心中划出了一道道深深浅浅的沟，疼痛而无助……

他们曾经四处奔波上访，他们曾经义愤填膺，他们也曾经伤心失望！

第四造纸厂的职工代表李中说："我们厂是 1996 年破产的，我的印象太深刻了！那年 5 月份包头地震，我们家院子的墙裂开了一条长长的口子。我父母在造纸厂工作，当时面临退休，我们兄弟三个也都在造纸厂工作。那一年，我们一大家子人忽然断了收入来源，日子有多难，只有我们自己的体会最深。后来，三环集团兼并了我们厂，原本以为能有几天好日子过，可人家几乎连一个职工都没给安置，我们简直气疯了，好好的房子，好好的机器，白白地给了人家，最后弄得我们这些工厂的主人人不人鬼不鬼地没人管了。我们开始找区里、找市里，甚至找到自治区，最后，总算把那个'三环'撵了出去。撵出去是撵出去了，可我们的生活并没有得到一点儿改善。真的，这么多年了，我们甚至已经忘记了眼前这个破院儿曾经是我们的厂子，甚至忘记了它和我们还有什么关系！

"去年，征收办进厂了，我们真的高兴，这么多年了，总算是有人管我们了。他们让我们选举职工代表，我是大家选出来的一个，他们推选我的原因当然是让我替大家说话，他们也知道我的为人和性格，知道我敢说话。说句心里话，先别说安置政策好不好，最起码我们是沾了北梁棚改的光，也沾了李克强总理的光，要不是人家来，再过十年、再过二十年，我们的这些问题也不一定能解决了，我们真是发自内心地感谢他。虽然是这样，我们这些普通老百姓更关心的是能给我们补多少钱，能给我们解决什么实际问题。也别说谁高尚，我们就是想多要点，好不容易有这么个机会，当然不能错过，这回可以说是我们这些人最后的晚餐了！"

白春梅说："抱有李中这种想法的职工还有不少，他们的年龄大概都在四五十岁。这个年龄非常尴尬，工作更是不好找，好多这个年龄段的职工要么去做保安，要么去做清洁工作，他们这个年龄又恰好是上有老下有小，正是到处都要用钱的时候，他们有想法是很正常的。之前，我们都觉得第一印刷厂的工作不好做，可几次职工大会开下来，我们发现别看第四造纸厂的人数不多，工作比一印还难做！他们好像暗中是有组织的，你之前拿着安置方案跟他们做工作时，他们的抵触看上去并不强烈，有时还顺着你的话说几句，可一到职代会上表决，就是通不过！眼瞅着就要过年了，我这个急呀，空有力气，却没有着力点。我们后来仔细摸排第四造纸厂的这些职工代表，发现了问题所在，每次职代会前，总有六七个年轻代表就会说服其他的职工代表，不让他们举手通过。企业里的职工都是一家子一家子的，他们之间很容易就能说服彼此。"

白建国说："我当然也急，过起年就快三月份了，安置方案还没通过呢。我看到白春梅满嘴的燎泡还安慰她说，症结找到就好，我们不要急于组织他们开职代会了，一印那边的工作开展得比较顺利，我们先把'四造'这边的工作放一放，欲速则不达。眼瞅着过年了，咱们先把困难职工的帮扶工作做了吧。"

三面锦旗

腊月二十三，小年。

征收办在第四造纸厂的工作陷入了僵局，而第一印刷厂的工作却非常顺利。为了应对第四造纸厂出现的问题，白建国觉得应该暂时先停下"四造"的工作。用他的话讲，就是先凉一凉"四造"，加速推动"一印"的工作，这样做可以从侧面触动和影响"四造"，以静制动，等着"四造"职工自己着急起来再说。

第一印刷厂的焦点问题有两个，一是在1999年到2000年期间，有相当一部分职工买断了工龄，他们要求划到此次企业征收安置范围内；第二是企业部分除名人员要求恢复劳动关系，并解决解除劳动关系前在岗期间的经济补偿。

征收办与企业留守处的人员立刻集中精力展开调查核实工作，很快作出书面答复：关于原第一印刷厂解除劳动合同、终止劳动关系人员提出列入企业征收安置范围的诉求，经征收办调查组对解除劳动合同、终止劳动关系人员逐一核实，那些职工递交的《申请书》，是本人自愿提出退出企业到再就业中心自谋职业的，并与原企业签订了《一次性给予经济补偿金协议书》。协议书中明确规定，甲方（原企业）付给乙方（下岗职工）一次性经济补偿后，甲方与乙方解除劳动合同、终止劳动关系。《协议书》由市公证处做过公证，具有法律效力，因而那些职工不再属于第一印刷厂企业征收安置范围。

另一个焦点问题处理起来有些棘手，企业除名人员的除名原因多种多样，有常年不上班的，有产假超期的，有违反劳动纪律的，还有个别的是因为完成不了生产任务的，等等。针对不同情况，征收办努力细化工作，在充分尊重历史和严格依法解决的情况下，制定出《企业除名人员的解决意见》，做到一人一档案、一人一调查、一人一答复，实现了某些问题让一小步、企业土地征收向前一大步的双赢效果。

第一印刷厂的徐天宝已经七十多岁了，按说这个年龄早应该看孙子、溜公园，颐养天年了，可老徐还得风里来雨里去，开着破旧摩托车四处拉人送货，挣点儿小钱养家糊口。

老徐说："不干活儿咋办，吃甚喝甚？总不能天天坐在家里伸手跟子女要吧。再说了，子女们也不宽裕呀。"

徐天宝是除名人员，为了这个不明不白的除名，老徐除去拉人运货，就是到处找有关部门。2009 年，早已经到了退休年龄的他终于通过劳动仲裁恢复了自己与厂子的劳动关系，满头白发、满脸沧桑的老徐接到仲裁书时，老泪纵横。

终于可以退休了。

退休可以，但必须补齐企业多年拖欠的社保金。老徐当时只有 20000 多块的血汗钱，他咬咬牙，舍着脸跟子女和亲戚借钱，交齐了 40000 多块钱。

老徐退休了，但是由于种种原因，他是按照"五七工"退的休。比照正式工退休，老徐每个月要少拿将近 1000 块钱。

张向明说："老徐的情况，我们非常了解，人家有权利来跟你谈按正式工退休这个问题。但问题几乎是解决不了的，我们真的替他冤，却没有什么好办法帮他解决。我们能做的只是给老人讲政策，想办法开导老人。他来我们这儿的那天，脸色很不好看。我说，大爷，你是不是不舒服？老徐说，老毛病了，说不上甚时候就难受一阵子。他老伴说，心脏病，老毛病了。我说，那赶紧吃药呀。老伴说，他舍不得吃，一瓶救心丸要 48 块钱，不是太难受的时候，他舍不得吃。

"他老伴的话让我的心里酸酸的，谁都有老的那一天，有病却舍不得吃药，那是什么样的境况呀。老徐说，我是来问问政策的，我当年是按五七工退休的，现在还能不能改？

"面对老徐那张布满了沧桑的脸，我实实在在地说，大爷，我也觉得你挺冤的，每个月少拿近 1000 块钱，但改是改不了了，我们要是有一点办法，绝对是会替你想的。我当时以为老徐会跟我们纠缠不休、甚至是吵闹，我也做好了心理准备。没想到老徐只是叹了口气说，这跟你们没关系，你能这么跟我说，我就很高兴了。他说话的时候可能是难受得厉害了，从口袋里翻出一个药瓶。我对那个药瓶的印象非常深，常在口袋里揣着，瓶盖挺脏，瓶子商标的边角磨的褪了色。他拧开瓶盖小心翼翼地倒出两粒药说，我那些年的药费不知道能不能报了？他没有交过医保，药费肯定报不了。他老伴瞅瞅她手心里的药说，人家说明书上让吃四个。老徐瞪了老伴一眼说，吃上两个缓一缓就行了。

"我说，大爷，让我看看你吃的是啥药？老徐把药瓶子递过来，我顺手拿起一张纸写下了药名。老徐说，你记那做甚？我说，我家里也有心脏病人。

"说句心里话，我当时就一个想法，给老人买几瓶救命的药吧！我把纸递给旁边的小刘说，你去买几瓶回来。小刘买回药后，我说，大爷，别嫌少，这是我们征收办的一点儿心意，拿着吧，按说明吃，人的身体要是垮了，甚都没了。

"老徐舍不得花钱，办理医保又需要补交很多的钱，我一方面给他讲办理医保的好处，另一方面和同事们想尽办法，最终以最优惠的政策给他办理了终身医保。

"有一天早上，一个工人找来了，他也是企业除名人员，有些残疾，是我们帮着他恢复的劳动关系，他的除名在严格意义上讲是恢复不了劳动关系的，我们觉着他一个残疾人，退不了休，将来咋生活呀，就查找他所有的资料，找出当时除名的原因，最终帮着他解决了。按道理，他应该感谢才对，可他非但没有半分感激，还跑来找我们要精神补偿。他在我们这里大吵大闹的时候，老徐来了，他手里拿着一张票据说，张局长，我是来感谢你的，我的药费能报销了！"

腊月二十八，第一印刷厂前两个焦点问题全部解决，接下来就是第二印刷厂的问题了。

白建国说："这个典型的遗留问题也挺怵头，我们仔细核查了第二印刷厂职工的信息，以及他们与第一印刷厂职工的关系。经过摸排，我们发现'二印'的大多数职工都是'一印'的家属子弟。看到这个结果，我的心里当时就亮堂了许多，决定用亲情这张牌来解决这个问题。"

白春梅说："这张牌出得好，我们分头开始找职工代表做工作，话很简单，'二印'虽然没有土地所有权，但人家也为你们'一印'做过贡献，你首先不能抹杀人家的贡献。再说，这些老头太太们哪个跟你们没有关系，很多都是你们父母亲，平时你们父母那里有了事，你们难道不出钱？就这么一块肉，你们又都是一家子的，难道不能匀出一点来给她们？"

短短的两天，工作就做通了。

年三十那天上午，第一印刷厂第五次职代会召开，会上几乎全票通过了职工安置方案。这边职代会召开的同时，征收办的一组人马正在第四造纸厂原团委书记郑家琴陪同下慰问最后几个特困职工。

整个大街上都洋溢着一种节日的气氛，穿着新衣服的孩子们在欢快地奔跑着，那些陈旧的门框上一幅幅鲜艳的对联让人感觉到了新的一年即将来临。鞭炮声断断续续，门垛上、屋檐下一个个红彤彤的灯笼随风起舞。

快到晌午的时候，慰问组来到了困难职工姚志勇的家。没想到见到的却是一张冰冷的脸，听到的是几句硬邦邦的话："你们不用给我这些小恩小惠，我们家不缺吃的。"满腔的热情换来的却是如此的结果，两个年轻人愣在了当地，一时不知该怎么办。

后面跟上来的白春梅笑着说："小姚，这大过年的，谁惹你了？"姚志勇说："没人惹我，你们想去谁家就去谁家，别来我家就行了。"

看到他这个样子，征收办的人并没说什么，郑家琴却恼了，她骂道："老虎，你是咋啦，连个好赖人都分不清了，谁惹你了？人家征收办这么人放着年不回家好好过，大老远跑来看你，还有罪了？把门给我打开！"

绰号老虎的姚志勇打开门把众人让了进去。

姚志勇的家庭有些特殊，他一个人在外边打工，养活着却是三个人，孩子正上学，媳妇身体不好，还有一个脑子有问题的弟弟。他是第四造纸厂这次推举出来的职工代表，也是比较抵触这次职工安置方案的一个。

白春梅笑着说："小姚，你是不是对征收办的工作有意见？有想法你就提出来，我们能解决的想办法解决。"

姚志勇不吱声。

白春梅再问，他还是不说话。

旁边的郑家琴瞅着他说："老虎，想当年我还是你师傅，人家白主任问你话，你说呀，平时你倒是挺能耐的，轮到叫你说话了，你咋连个屁都不放了！"

姚志勇的媳妇端上茶水说："郑姐，你说这安置方案，岁数大的肯定合适，补齐以前欠下的钱，然后人家退休了，一个月稳稳定定有了收入，你说说我们这茬四十多岁的人，正是用钱的时候，补给那两个钱能起多大作用……"

郑家琴说："人一辈子还得靠自己，你这么说，我理解，我和你们有啥区别，不也是'四造'的人吗？可就是补给咱一座金山银山，也有吃空的时候呀，你这么想不对。这政策已经够好的了，你说快二十年也没给过你们什么钱，你们不也过来了吗？"

白春梅问姚志勇："你们那几个年轻代表是不是都这么想的？"

姚志勇没有直接回答白春梅的话，而是说："全算下来也就七八万块钱，连几年的养老保险都不够交，我们这岁数是一天天大了，我们还能干几年？将来我们怎么办？"

是啊，怎么办？

从姚志勇家出来，白春梅一直都在思考这个问题。后来，她通过街道办事处给姚志勇的媳妇介绍了一份离家不远的物业工作，活儿比较轻。当时做的目的只是想帮一帮这个家庭，没想到，姚志勇的媳妇头一天上班，当天下午就买了水果来感谢她。

白春梅说："我哪忍心吃她的东西呀，回绝了吧又不近人情。在大年初四那天，我硬塞给了她家孩子200块压岁钱。"

第一印刷厂安置方案的通过对第四造纸厂产生了极大的影响。

正月初四，白建国又带着几个人下到了第四造纸厂几个年轻职工代表的家里，逐步打消了他们那种最后晚餐的心理。直到正月初七，他们终于做通了这些职工代表的工作。正月初九，第四造纸厂第17次职代会召开，表决通过了《包头市第四造纸厂土地征收职工安置方案》与《土地征收资产处置实施方案》。

2014年4月29日，两家企业的职工安置和土地征收工作终于落下帷幕。

第二天下午，征收办召开工作会，梳理总结这两个企业的土地征拆和职工安置工作遇到的问题和解决办法。会刚开到一半，外面一阵喧闹，张向明打开会议室的门，姚志勇带着一群"四造"工人拥了进来。

就在大家的满腹狐疑中，姚志勇和另外两个同事展开了三面锦旗："立足为民""情系群众""为民排忧"！

张向明愣在了当地。

白春梅的眼角湿润了。

白建国对着职工，深深地鞠了一躬，说："我代表征收办的所有同志，谢谢大家，是你们的支持，助推了北梁棚改前行的脚步。"

第六章

河东镇九村大搬迁

赵永文是东河区河东镇书记，田永光是镇长，河东镇九村搬迁改造，他们既是第一线指挥者，又是拆迁带头人。在征拆的那些日子里，他们进村入户做群众工作，把所有时间用在征拆现场，我们多次联系去采访，两位镇领导都抽不出时间来。一直等到2015年春节后，我们才有机会见到田永光，在短暂的采访中我们的谈话时不时地被他的手机铃声打断。尽管这样，在他那张充满活力的脸上，却丝毫看不到半点儿倦怠和厌烦，一抹浅浅的微笑总是挂在他脸上。看得出他是一个态度谦和又意志顽强的基层干部。

我们的采访话题从2014年8月动迁改造说起。

2014年8月1日，集体土地的搬迁改造亦即北梁棚改的所谓"秋季会战"，正式拉开了序幕。在整个北梁棚改中，集体土地的征拆比例占了百分之六十还多，需要搬迁的面积约160平方米，征地800多亩，涉及9个自然村12条道路。此前，为了制定一套"公开、公正、透明"的征拆方案，镇领导一班人广泛征求意见，征拆方案反复修改了十几稿，再拿到各村委会征求村民的意见。经过反复论证，召开各类人员参加的座谈会，就这样几上几下，一份翔实完备的征拆方案才正式出炉。

集体土地上的征拆有别于国有土地上的拆迁，集体土地上80%为自建房，20%属于产权房，而且房屋整体质量高于国有土地上的房屋，户均面积大，征拆户的诉求和相互攀比的心理比较高。农村的特点是一家有事，不出半个时辰全村人就都知道了，谁也瞒不过谁。再加上农村地连片户挨户，形成了一个完整的利益共同体。流行于乡间的俗语说得好："庄户人不用问，一家种甚都种甚"，也恰如其分地道出了北方农民的从众心理。针对这种情况，镇领导亲自带头走村串户做村民的工作。田永光说，在那个紧张而特殊的日子里，到点儿吃不上饭，下班不能按时回家，几乎已经成了惯例。为此，有的村干部家属还找到镇里闹情绪，一位征拆干部的家属，接到爱人的电话，对爱人说晚上十一点半要开会，这位家属无论如何也不相信——这是什么单位，夜半三更还开会？于是，这位家属当晚满腹狐疑地来到了单位，当她看到镇政府办公室依然明亮的灯光和埋头工作的人们时，才完全相信了丈夫的话。"有什么办法呢，人家也是一家人，也要开门过日子。舍小家，顾大家，说说容易，真正做起来可真不容易！"田永光脸上显露出一丝无奈的神情。

征拆开始了，9个村选出了100多位村民代表，同时又选出了一批党员代表。这些党员代表和村民代表，在征拆工作中发挥了积极推动作用，9个村很快就行动起来了。为了配合"大北梁"这个大局，连没有涉及搬迁的村庄，如毛其来村也加入到了搬迁工作中。村干部动员村民把最新鲜的时令蔬菜，送到了动迁干部的伙房里。村委会干部自己掏腰包，为奋战在一线的动迁干部买了保温杯、毛巾等日常生活用品。在短短三个月的"秋季会战"中，村与村相互帮助，相互支援，充分发挥了"村村支援，户户相助"的协作精神，也真有点儿社会主义新农村新风尚的味道。

房子拆了农民拿到了补偿，手里有了钱的农民多了一份欣喜和满足，在欣喜之余，另一种担忧不禁袭上心头——手里的钱除去基本生活之外，另外还能派做什么用场？坐吃山空总不是个办法吧。一辈子和土地打交道的农民，经商创业能力是很弱的，此时急切需要政府的指导和帮助。对此，镇领导早就替搬迁农民想好了。鉴于以前的经验教训，决定不搞商业底店。过去河东镇也搞过一批底店，由于农民缺乏经营意识，对风云变幻的市场缺少认知和应对能力，大多数农民早早地就把店面低价给卖了，有的甚至直接把底店的指标给卖了。更有甚者把自己的活命钱用去赌博或吸食毒品，结果是钱没了房子也没了，成了游手好闲之徒，两手空空只等着政府救济。

镇党政领导班子总结了以往的经验教训，适时制定了适合搬迁农民的安置办法。这其中可称作亮点的有三条：

一、集中居住，就地安置。

二、先办失地养老保险、医疗保险。

三、商业安置人均享受 20%。

这三项政策为失地农民生活、就业双保障以及安置后的养老和医疗保险，提供了制度方面的保证，同时也解除了失地农民的后顾之忧。

河东镇九村大搬迁的"秋季会战"从开始到圆满收官，集体土地上的搬迁共征收 18907 户，拆除房屋面积 220 万平方米，只用了不到四个月时间。无论是从速度还是效果来看，都堪称一流。之所以能够收到如此令人满意的结果，就在于广大干部群众的共同努力，在于政策的对路和搬迁户们的理解和支持，这些重要的因素缺一不可！

昨天的得到与今天的付出

井坪村位于东河区最西端，南面黄河，北倚阴山，这样一块风水宝地，多年前却是一个生存条件极其落后，生活相当贫困的村庄。

村支书杜宝成，村里的致富带头人。经过近三十年的艰苦创业，杜宝成的乡镇企业越做越大，他在村里融资先后创建了股份制砖厂和保温板厂，几年下来，经济效益十分可观。杜宝成还有更大的梦想——要彻底改变家乡贫穷落后的面貌，让家乡的梧桐树招来金凤凰。2011 年杜宝成被井坪五个村集体推举为招商引资的总负责人。杜宝成一行几次南下与深圳恒大地产集团、中原地产以及恒大旗下的深圳恒茂发实业有限公司洽商，达成了合作开发意向。

几年时间里路没少跑，钱也没少花。光差旅费就花了很多，都是杜宝成自己掏的腰包。

千辛万苦总算把合作意向书签下来了，开发商也作了现场考察，设计蓝图也搞出来了。可是，当真正要动起来时，开发商却开始犯嘀咕了。

井坪有5个自然村，占地面积5800亩，地上建筑物286000平方米，其中户籍村民建筑约209000平方米，非户籍村民建筑77000平方米。各村村民居住面积都挺大，而且，村子里私搭乱建极其普遍，脏、乱、差现象十分严重，拆迁改造的成本无形中增加了许多。开发商追求的是利润的最大化，亏本赔钱的买卖是没有人愿意干的。

好不容易招来的开发商一个个开始退缩，没了下文……

市、区两级政府把河东镇划入棚改范围后，井坪村的征拆补偿方案开始酝酿。

农村的拆迁与城镇的拆迁可不是一回事儿。土地是农民的命根子，"两亩地一头牛，老婆孩子热炕头。"千百年来，中国农民恪守着相同的生存劳作方式，也就决定了农民固守家园根深蒂固的传统观念，拆房失地，这对于农民来说那可是比天还要大的事情。

杜宝成说拆迁准备开始时，镇领导对他说的第一句话就是：你杜宝成必须带头先拆自己的房子，不然井坪村没人会拆。自己先拆？那可不是件容易的事情。杜宝成在村里有两家股份制企业，这一停一拆的经济损失就高达100多万元。当几个股东听说杜宝成要率先关停企业，都纷纷找上门来，有的骂他出风头，有的嚷嚷着要退股，还有的要他赔偿损失。杜宝成说："那些天我的头都快炸了！"那次股东代表会的紧张气氛令人窒息，那些平时嚷嚷最凶的股东，这时反倒变得沉默起来。有的三三两两悄悄嘀咕着什么，有的闷头抽烟一言不发。杜宝成心里明白，此时的沉默是另一种形式的反抗，这是暴风雨来临之前的沉默，紧接着的一定是狂风怒吼暴风骤雨。为了打破这令人窒息的沉默，杜宝成先开口了："大家都说说吧，事情就是这么一码事情，大家看看该咋办吧?"

会场上又是一阵短暂的沉默。

"我说两句!"一个股东扔掉手里的烟蒂"呼"地一下站了起来。

"北梁改造是国家的一件大事情,服从政府的号召也没错。可是我们这几年投进企业的钱,就这样打水漂了?这些白瞎了的钱,我们找谁要去?我们又不是傻瓜,我们的钱也不是刮风逮的,是我们辛辛苦苦挣来的。要不是当初看你老杜是个能干实事儿的人,傻瓜才参这个股呢!"

看着这个气咻咻的股东,老杜心里也有点隐隐作痛。这个股东虽然话说得有点冲动,但话糙理不糙。政府的补偿和相关的政策已经出台,但算起总账来,企业的损失也还是不小。所以,股东们有怨气有意见,老杜也只能听着,任由他们来发泄。

"老杜,你想升官给自己脸上贴金我们管不着,可是我们争取的是我们股东的利益。谁入股不是为了挣两个钱,企业刚刚见到点儿效益,你倒好,先关了咱们的企业,你的脑袋是不是让房门给挤了?"说话的是一位年纪较大的股东,他的话招来了在座股东们的一阵讪笑。

"退股,赔偿损失!"

"对,退股,赔偿损失!"

……

顷刻间,会场变得一片混乱,股东们的吼叫声几乎要把房顶掀起来了。

一向处事果断性格沉稳的杜宝成,此时再也坐不住了。他双手紧紧握着桌子上的水杯,满腔难言的委屈与怨艾猛烈冲撞着心房,似乎马上要冲破堤坝迸发出来,一股滚烫的热血直冲脑门!

冲动鼓噪着他——站起来!

理智又告诫他——冷静,冷静!

杜宝成就是杜宝成,他极力克制住自己的情绪,强迫自己冷静下来。面对乱糟糟的会场,杜宝成从座位上慢慢地站了起来,他先是向着台下所有的股东深深地鞠了一躬。然后慢慢说道："这些年我们办企业挣了钱，算是致富了，可是，咱们也得想一想，咱们是咋致富的？是靠党的政策致富的，是靠政府帮助支持致富的，没有改革开放能有我们的今天吗？现在政府改造北梁，让更多的居民过上好日子，我们就不能做一些牺牲，顾全一下大局？我们应该想到为征拆改造做点儿什么才对呀。昨天我们得到了那么多，今天就不应该付出一点儿吗？"

杜宝成的这番话，让刚才还乱糟糟的会场顿时变得鸦雀无声，现场安静了下来。

"各位股东、父老乡亲们，我杜宝成无能连累了大家。大家说得对，入股办企业就是为了刨闹两个钱。可是，北梁改造是政府行为，我们自己的企业毕竟是乡镇企业，不管咋说都要给北梁改造让路啊！大家当年推举我当村支书，不就是看我老杜还有点能耐，想跟着我挣点钱发家致富。可是现在北梁棚改刻不容缓，任何人都要服从，没有任何条件可讲。人家国家总理都两上北梁，我杜宝成何德何能，敢在这么大的事情上硬扛？请大家不要忘了，我不仅仅是一个企业主，还是一位村支书，我能不带头执行政府的政策吗？刚才有的人说我是给自己脸上贴金，我傻呀，放着现成的实惠不捞，去图那个虚名？请大家放心，我会尽自己最大的能力，为各位股东去争取应得的利益，至于企业关停给大家带来的损失，我老杜一个人扛着，绝不会给你们增加额外的负担！"

一席话过后，所有的股东又都沉默了。此时的沉默是一种钦佩和认可，更多的是对杜宝成人格魅力的折服。尽管有的股东一时还想不通，却也表现出了理解的态度。杜宝成也知道要想彻底说服这些股东，还有很多工作要做。在杜宝成走出会议室的当儿，刚才那位讲话很冲的股东，走上前拍着杜宝成的肩膀头说："咱们还是好兄弟，以后的事情咱们一起担着！"听罢，杜宝成再也控制不住自己的感情，两行滚烫的热泪夺眶而出！

还有更让杜宝成怵头的，那就是家里这一摊子事。88 岁的老父亲说死说活也不肯拆房。一则，老人在井坪生活了大半辈子，可谓是故土难离。二则，别人家的院子里只要有房子的，评估下来就是百八十万，自己家也是一个大院子，才给几十万，实在想不通。为此，老人几乎天天搬个小马扎坐在院里的大树下默默流泪。身为长子的杜宝成看在眼里苦在心头，有什么办法呢？他动员全家做老父亲的工作，只要有时间他就坐在老人面前，回忆讲述老人在他青少年时教育他做正派人，做大公无私的人。杜宝成动情地对父亲说："爹啊，儿子是国家的人，又是村书记，是咱们村的带头人，乡亲们都看着我呢，咱不先拆能行吗？共产党讲的就是要为人民的利益做牺牲，今天我做这么一点牺牲算什么呢？"老父亲被儿子的真情打动了，点点头算是勉强答应了。

杜宝成在村里第一个关停了自己的企业，拆了自家的房子。常言道："村看村户看户，村民看干部。"杜宝成的行动感化和带动了别人，一些所谓的"钉子户"态度发生了根本的转变，主动配合村干部开展拆迁动员工作。有一户村民，家庭生活非常拮据，找到杜宝成说："自己家没钱租房，除非村里借给他点钱，否则就不拆。"杜宝成二话没说，当即借给他13000元，为了以后联系方便，杜宝成还帮他交了100块钱的手机费。讲到这里，杜宝成连连叹息道："还有我们村的徐主任，为了解决村民的后顾之忧，他自己掏腰包买下了拆迁户的猪羊。那时候，村支部、村委会一班人拧成一股绳，心里只有一个念头，那就是绝不能拖拆迁的后腿，绝对要服从北梁搬迁改造这个大局！"

农村的入户调查宣传动员，也是比较辛苦麻烦的。白天农民都在自家的地里忙活，晚上天黑了才能回家。针对这个特殊情况，村干部采取了"九九"工作方式，不失时机地入户进行说服动员。所谓"九九"是指早晨九点以前和晚上九点以后，这个时间段里村民都在家，是和村民进行交流沟通的最佳时机。尽管如此，吃闭门羹碰铁将军的事儿也经常遇到。一户村民由于父亲近期非正常死亡，情绪极不稳定。加之听信了村里的小道消息，对拆迁政策的理解产生了偏差，对拆迁工作拒不配合。每当杜宝成登门说服动员时，不是房门紧闭不开，就是张口谩骂、恶语相向。为了拿下这个"钉子户"杜宝成真是伤透了脑筋，左思右想一时间竟然无计可施。偶尔一次，他和儿子聊起这件事，没想到那个不配合的"钉子户"竟然是自己儿子的中学同学。杜宝成当即和儿子如此这般地交代了一番。于是，儿子便以发小的身份，主动与那个"钉子户"接触，那个"钉子户"被发小的真诚所打动，主动倒出了埋藏在心里的难言苦衷。原来，自从父亲离世后，他就感到生活无望，失去了生活的信心。加之性格内向缺少与外界的沟通，产生了悲观失望的情绪，在日常生活中看什么都不顺眼，特别是搬迁开始后，他对政府出台的政策总是持怀疑态度，加上偏听偏信一些小道消息，更加重了他的抵触不满。杜宝成对症下药，他先给儿子把搬迁改造的相关政策，用最通俗易懂的语言讲述了一番，然后再借助儿子这个"二传手"，讲给那位"钉子户"听。就这样，在老杜父子俩的共同努力下，没过多长时间，那个曾经蛮横不讲理的"钉子户"，主动找上门给杜宝成赔礼道歉。杜宝成也不失时机地进一步了解了他的生活思想状况，给他讲道理讲政策。村委会还根据他的特殊情况，在拆迁补偿上给了一些适当照顾。这个曾经的"钉子户"高高兴兴地搬了家。

在起初的入户动员阶段，杜宝成也产生过畏难情绪。企业的事情做不成，家里的事情没时间管，一天到晚从这个村转到那个村，身心疲惫至极。此时的杜宝成常常问自己：自家拆迁损失就不提了，企业关停后自己和股东损失巨大，这笔账找谁去算？而自己为了拆迁从早忙到晚费尽口舌还得罪人，究竟是为了什么？直到一天晚上的一次偶遇，才让他彻底从自己的小情绪里摆脱了出来。

那是初秋的一个夜晚，像往常一样，杜宝成拖着劳累了一天的身子往家走，刚进村见不远处有一个人影在晃动。时间已过午夜，这么晚了能是谁呢？带着几分好奇，杜宝成朝着那个人走了过去。

"杜书记，还没休息呀？"那人先开口了。那熟悉的声音，杜宝成一下就听出来，是镇党委赵永文书记。

"赵书记，这么晚了，你这是？"杜宝成不解地问道。

"噢，和几户村民唠扯唠扯，刚完事儿。"赵书记一边说着一边往前走，脚步并没有停下来。

"宝成，你要是不急着回家，就陪我走走，咱俩也唠扯唠扯。"赵书记放慢了脚步。

杜宝成比赵书记年长得多，但从工作角度来说，杜宝成却十分敬重赵书记。他佩服眼前这位做事干练又实在的年轻人，更钦佩他看问题的独到眼光。所以，每临大事儿，他都愿意听听赵书记的意见。

夜晚的村庄静谧无声，两人走在坑洼不平的路上，此时的杜宝成一直保持着沉默，因为他心里还没有琢磨出来，赵书记要他陪着走走究竟要说些什么。两人"嚓嚓"的脚步声，在寂静的夜晚里显得有些响亮。

"宝成，这次搬迁，我临时点将把你推到阵前，你不会怪我吧？"赵书记首先打破了沉默。

杜宝成没想到赵书记在这个时候提出这样的问题，他竟一时语塞。

"你不说我也知道。"赵书记接着说："你心里肯定在骂娘，你心里一定说，好事轮不上我，得罪人的事倒想到我了，你说，我说对了没有？在井坪村，不，在整个河东镇谁不知道你杜宝成是个能人，更主要的是你有很好的人脉，群众关系也不错，也是一呼百应的人物，这种关键时候，你说我不用你用谁？"赵书记竹筒倒豆子一般，把要说的话全说了出来，闹得杜宝成反倒无言以对了。

临分手时，赵书记对杜宝成说："你我都是党员，又是干部，现在做的仅仅是分内的工作。眼下咱们受点儿累受点儿委屈都无所谓，只是以后不要让人家指着咱们的脊梁，骂咱们是昏官懒官庸官就行。"

与赵书记的偶遇，对杜宝成触动很大，他想，人家赵书记都"白加黑"地工作，还有那么多征拆一线的干部日夜忙碌在现场，为北梁征拆改造做贡献。我一个村支书牺牲一点儿、付出一点儿算什么呢？

镇领导的工作作风起到了激励和引导的作用，杜宝成和村委会一班人铆足了劲，拆迁工作推进速度加快了许多。所有村支部、村委会成员手机二十四小时开机，每两天开一次碰头会，对一些疑点难点问题，大家坐在一起献计献策共同商讨解决办法。到最后，还有五户"钉子户"的工作没有做通。采访中杜宝成对我们说："剩下的这几户，拆一户比拆一百户还难。这几家人家庭条件确实都非常差，也各有各的特殊困难。有的家里有精神病人，有的家庭没有经济来源，还有个别人想趁机狠狠捞一把。这一部分村民的困难和要求，目前我们还没有能力完全解决。"杜宝成接着又讲，就在前几天，一个"钉子户"提着两条烟找到杜宝成，想再探探村委会的底，再次提出了自己的要求，不过口气和态度都有所松动。杜宝成对来人说："想要谈，什么时候都可以，谈多长时间都可以，不过烟你得给我提回去。'不吃、不拿、不要'，这是我们村委会班子成员在拆迁工作中铁的纪律，'高压线'是任何人都绝对不能触碰的。"

在杜宝成的办公桌上，我们看到一份井坪村民的《诉求书》。这份《诉求书》对失地农民的生活保障，提出了比较详细的解决办法。对井坪村未来的发展也提出了一些切实可行的方案。譬如，村委会为了解决村民生活来源，特地向政府提出：需要用地50亩，准备建大型蔬菜批发市场；建占地200亩的大型物流仓储中心；建一个占地10亩的社区医疗服务中心；同时各建占地30亩的老年公寓和占地10亩的幼儿园；为了解决村民吃菜问题，计划建一个占地60亩的无公害绿色大棚，这样既能满足村民吃菜的需要，又可以丰富市场的"菜篮子"，还可以解决部分村民的就业问题，可谓是"三管齐下，一举多得"啊！

听了杜宝成的一番话，看过那份村民的《诉求书》，我们着实被这些当代农村带头人的胆量气魄所震撼、感动。这些敢说敢干、有胆有识的现代农村基层干部，在他们身上透出一股强烈的时代责任感和不屈不挠的开拓精神。他们是现代化农村建设中不可缺少的中坚力量，同时也是北梁拆迁改造中，基层农村干部的一个缩影。集体土地上的拆迁改造，有了像杜宝成这样扎实肯干的当家人，北梁棚改的圆满收官似乎就在眼前了。

跑断腿，磨烂嘴

魏华，西北门村支书，村里 500 多亩土地拆迁安置的主事人。

西北门村的形成历史，可以追溯到清乾隆年间。与所有走西口的口里人一样，魏华的祖上是山西大同人，老一辈人从老家一路向西，来到了现在的西北门村安家落户。

据魏华回忆，现在西北门村的位置，已经向北挪了好几里地了，早年间的西北门村就在老城门下。老包头的西北门，在包头作为皮毛集散地商旅重镇的年代，是商旅驼队西走丝绸之路，北去蒙古、俄罗斯草原丝绸之路的出入口。在那早已坍塌消逝的老城门的影像里，究竟走出过多少驼队？仿佛没有人去追思过，就在此处城门下，名扬世界的探险家斯文·赫定、著名地质学家袁复礼和丁道衡也曾留下过他们的身影。

驼铃声声，商贾如云，这恐怕就是那个久远年代留给我们的一丝回忆了……

西北门，这一处贺龙元帅当年曾经战斗过的地方，经历了新中国建设时期，现在到了改革开放的新时代。昔日的村庄已经融入到了新农村的现实生活，眼前的北梁棚改，似乎又到了时代命运的关口，曾经的历史人物、如今现实中的我们，会产生怎样的对比，又会发生哪些故事呢？

从 2014 年 8 月 8 日开始，河东镇的动迁改造正式拉开了序幕。在第一次动员会上，魏华的一席话语惊四座，令所有在场的人都感到震惊！他提出："响应政府号召，先扒自家的房，拆自己的土楼！"魏华自家大院占地 900 多平方米，另外还经营着一处澡堂。现在说拆就拆了，损失可真是不小！有人曾经问过魏华："你当时是咋想的？心疼不？"魏华说："说不心疼是假的，可是不拆不行哇。你是村干部，连你自己都不拆，咋好意思去叫村民们拆，你不拆，村民谁能买你的账！"

开了十几年的澡堂子拆了，900多平方米的院子也拆了。由于自家院子里没有太多的房子，拆迁补偿的钱和别人相比也少了很多，为这事，老魏可没少落亲戚朋友和家人的埋怨。可是，魏华就是魏华，自家的房子一拆，他反倒变得轻松自在起来了。用他的话说，就是"抬头挺胸腰杆儿硬，走起路来一身轻"！入户调查那段时间里，老魏走东家进西家，用最贴近农民实际生活的话语，把党和政府的拆迁政策，送到每户村民的炕头上。在谈到入户动员所遇到的冷眼恶语时，魏华这样说："你要说这份营生那是叫个难做了！宁可去山里背大石头也不想做这个营生。可是，你要说好做也好做，做的顺了比喝凉水还利索。关键是你要把村民当成是自己的朋友、亲人，遇到问题要多替村民着想。应该经常反问自己，如果对方是你自己或者是你的亲人，你会咋办？不能让村民把你当外人。"有的村民一看到村干部进门了，扛起农具就走，说是要到地里干活去，本来就是农民出身的老魏可不含糊，你说下地，我就跟你下地，捎带着还能搭把手。一次他去做入户调查，这家人嚷着说要下地干活没时间，老魏还是老办法——和人家一起下地干活。到了地头，老魏和那个农民开始一起锄地，锄着锄着老魏一不小心，锄倒了几株青苗。老魏灵机一动借题发挥道："哎呀，都是我不小心，锄坏了你家的青苗，这要是搬迁评估组来了，非得让我赔你钱不可。"

"青苗也赔钱？"那位农民停下手里的活儿，将信将疑。

"当然要赔，菜窖，还有窖里的土豆，院里的果木都给算钱了。"老魏抓住机会讲起了补偿政策，俩人边说边干，越唠越近乎，思想工作就这样慢慢地做通了。如果说老魏在做村民思想工作方面有什么绝活儿的话，这便是其中之一。

有时入户动员赶上饭点儿，老魏揭开人家锅盖一看，哈！好饭，今儿个就在这儿了。在农村，随便去哪家吃点喝点，那是再平常不过的事了，而老魏的心思可不在吃饭上。他盘腿坐在乡亲的热炕头，边吃边聊，村民也不把老魏当外人。村民说出了自己的诉求，老魏给村民解释，村民的心结解开了，心里的疑虑慢慢打消了。凭着工作中这么一股子"磨缠劲儿"，西北门村的拆迁工作稳步向前推进着。

想起村里刚开始拆迁时，魏华感慨地说："那几个月真是忙得脚打后脑勺，白天晚上在村里转悠，在那些忙碌紧张的日子里，最奢侈的想法就是能踏踏实实地睡一个安稳觉。"而今村子拆了，每天看着空空荡荡的土地，老魏的心里也变得空空荡荡，躺在床上反而睡不踏实了。曾经的村庄，曾经的坛坛罐罐油盐酱醋的生活成了永久的记忆，这对于一个几十年来生于斯、长于斯的农民来说，不啻是一次精神上的"柔软的打击"。另外，在失地农民中出现的一些现象也很令人挠头。自从拆迁改造后，有些失地农民成了一群整天无所事事的闲散人等，东家进西家出，聚众赌博等陋习又开始在乡民之间蔓延。如何正确引导失地村民适应新的生活环境，培养健康向上的生活方式，鼓励他们自主创业，也成了摆在每一个村干部面前一道新的课题。伴随着新农村建设和乡村城镇化步伐的不断向前迈进，随之产生的一些矛盾和问题也初露端倪，这也是我们这个有着五千年农耕文明的农业大国，必须要正视和亟待解决的问题。棚户区改造，实现城镇化，更是历史的必然时代的必然。

西北门村拆迁了，一个古老的村落消失了，一个新兴的安置区正紧张地建设着，村支书魏华呢，要组织村民搬迁安置，要考虑安排他们的新生活，开始建设他们的新城镇……

拆了，这道坎儿才能过得去

从六月份河东镇召开全体干部大会到七月底，身为留柱窑子村委会书记兼主任的李日恒，不分昼夜地与征拆下派干部一起，挨家挨户宣传棚改政策，耐心细致地为群众解释相关条款，但基本上没什么进展，除了几个外来户，本地老住户没有一家要行动的，眼看着离最后期限越来越近了，李日恒这个着急啊。

一天晚上，李日恒的一个亲戚一身酒气地来到他家，来人一进门就问："你知道为什么我们都不想搬迁吗？"李日恒知道这个亲戚平时喜欢喝酒，心直口快。今天又喝了酒来找李日恒，肯定是有话要说。李日恒就说："不知道。你们不是嫌给的钱少吗？政府的政策一视同仁，哪能随意改变了！"

"算了吧，我不和你谈政府呀、政策呀，我就说拆房的事。"来人很果断。

"那你说，你们为什么不拆？"李日恒问。

"嗯，今天我喝了酒，有不对的地方你担待点儿，好不好。"来人定了定神。"好，我不怪你。"李日恒想看看究竟是什么原因。"你是书记，又有自己的企业，你咋不拆呢？是不是也嫌给得少，害怕损失太大？你的私心是不是比我们还重呢？"这几句话可是分量不轻呀！李日恒拍了拍这位亲戚的肩膀说："你们的想法没有错，我给大家做检讨，你回去告诉乡亲们，请大家放心，我第一个带头拆房！作为干部，没有这点精神，还咋叫你们信任呢！"

这位亲戚的一番话，促动李日恒痛下决心，他立即通知所有的村委干部，明天早上 7 点开会，挨家挨户做最后一次工作，摸清最"难缠"的户数，并且明确表示他要带头拆房。

3050 平方米是李日恒家要拆迁的总面积，包括红利食品有限责任公司和自家的住房宅基地。

李日恒一家五口人，三个孩子都已成家立业，他是一位敢想敢干的大能人，村民正是看准了他的经济头脑，早在 2003 年就选举他当上了 3000 多户人家 9000 多口子人的村主任。在带领村民致富的同时，他自己在 2009 年开办了红利食品有限责任公司，生产酱油、酱豆腐。

"赶上了拆迁的好事，多数村民能得利，自己损失一点儿又算什么呢？村民们满意也是我们当干部的心愿吧！"李日恒很坦率。

"要说损失，我家可真不算小。一方面，厂子拆除之后也不可能再建起来了，利润就不必说了，苦心经营了十几年，说没有就没有了，心里也不是个滋味。另一方面，我的拆迁面积大，3000 多平方米，每人按 200 平方米计算，除了我们家的 4 户 800 平方米，另外的面积如果不按阶梯价走，分给别的人，也能得几十万元，就是按阶梯价每平方米按 1950 元计算，也亏了不少。算账归算账，吃亏归吃亏，谁让咱们是党员干部呢，群众在看着你的一言一行。"李日恒的话很朴实，也确实感动人。

"是啊，我家也有侄儿、外甥的，把我和老李多余的面积分给她们，也照样能多拿些钱，可是老李就是不让，说干部要带好头，不能那么做。我心里真的特委屈，凭什么干部就非得吃亏？"在一旁的妻子说。

"咱们不能这样干，如果让人家知道了，咱们成了甚啦，还是干部不是？"李日恒打断妻子的话。

"嗯。不过，那拆迁也不提前打个招呼，机器、人员、领导一下子都来了，仓房里四吨多的煤没来得及拉走，都让拆倒的砖瓦压住了。我们谁也没敢说话，等拆迁人走了，全家儿子、女婿一起上阵，才把煤挖了出来，你说心痛不。"妻子还要说什么，李日恒扬了一下手。

看得出来，李日恒的妻子对于她们家的拆迁是有些埋怨。

"镇里开了最后一次会议，会上明确村委领导带头拆迁，只是拆，不定价格，暂时不办理任何手续。镇里的领导也很难，任务层层压着，我们也想到了，拆吧！拆了，这个坎儿才过得去。村民们看到我家的厂房和住房都拆除了，都开始拆迁了，没几天就都拆完了。"

村主任家的乡村别墅

2014 年 12 月 6 日，星期六。这是一次集体采访，地点在河东镇三楼会议室，镇长田永光作了一番情况介绍过后，九个村的书记村主任们，轮流开始介绍各村的征拆工作。我们注意到在几十个村干部中只有一位女同志，她没说话，只是注意听大家的发言，最后是被田镇长点名她才开口的。她的讲话也与众不同，各村干部都讲他们在征拆中的工作和成绩，而这位女干部却紧绷着脸，不说征拆工作，更不提征拆中的困难与成绩，只说了一通自己的委屈。我们的采访就在这种情绪状态中结束了。

分手时，田镇长说："最后发言的是西井湾村的村主任，叫薛迎娥，是全镇唯一的女村主任。"

"这个女村主任受什么委屈了，情绪好大呀？"采访搭档问。

田镇长说："是受委屈了，可是西井湾村的征拆工作完成得最好，这个女村主任可有写的地方了，你们一定要好好采访她！"

其实，薛迎娥那天的情绪和个性已经引起了我们的注意。我们当然知道，必须再采访薛迎娥，听听另一种声音……

12月21日，也是一个星期日，我们采访薛迎娥，地点是西井湾村在警苑小区的临时村委会。

今天的薛村主任一点也看不出半个月前的那种情绪，她快人快语，思路清晰，一开始就说到了正题。

西井湾村坐落在西脑包上，全村209户人家506人。村土地南起西脑包，北到大青山脚下。近一二十年，由于城市建设速度加快，西井湾村靠南部的地区逐渐被占用，村里可耕地大多都在村北铁道后面的大青山下，西井湾已经变成了半城半村的状态，城市文明与乡村文化在这里碰撞、融汇。两种文化，城乡不同的习俗，不同的价值观必然产生矛盾、发生冲突。在土地出让中的经济问题也引起不少矛盾和误会。村干部与村民各怀心事，这一部分人说西，那一部分人就道东，什么事都想不在一起，更说不到一块儿。有村民开始告状，告到镇里、告到区里，甚至跑到市里告，西井湾村告状都有名了。

薛村主任告诉我们，2009年村委会换届，包村干部不敢来，村民代表也选不出来，新的村委会就产生不了。没有村委会，没有村干部，村里大事小情没人管，甚至村里结婚、办出生证这样的事情都没人管。在大家吃尽了苦头的情况下，镇里派来干部做群众工作，物色新的村委会班子人选，于是，新村主任的人选就落在薛迎娥头上。

2012年西井湾村委会换届，选举只用了半个小时，薛迎娥多数票当选。

新官上任，薛迎娥也想点三把火，为乡亲们做些实事好事。正在此时，北梁棚改开始了，村里议论纷纷，有盼着拆迁的，有不愿意拆迁的，有想拿到拆迁补偿款就走人的，各有各的打算，村民的心就散了。薛迎娥哪还有点三把火的心思，就等着看，等着搬迁改造吧。

随着棚改的深入发展，河东镇九个村的征拆工作提到议事日程上，西井湾村的拆迁矛盾也就凸显出来了。

什么矛盾？

村集体土地上百分之八十是自建房，百分之二十是产权房，自建房补偿是每平方米2350元，而产权房子的补偿是每平方米3450元，有产权与没有产权相差1100元。就差一个产权，每一个平方米就少补偿一千多元钱！有人就在村里嚷嚷："不合理，太不合理，咱们不搬了！"

西井湾村百分之八十以上的人家没有办房屋产权证，他们认为土地是自己的，在自己的土地上建房子，为甚还要办那个产权证？村里还有不少土改时翻身的贫雇农，他们质问村干部："土改时毛主席、共产党分给我们的土地，宅基地还算不算数，在分给自己的土地上盖房子，还要甚产权证？"

九村搬迁的"秋季会战"开始后，市里、区里派来的动迁干部进村。西井湾村分为5个组，每一组20人，薛村主任要为百余名拆迁干部安置办公地点，费心费力，受埋怨指责，求左邻右舍腾出空房子，又强令侄子、侄媳妇搬家腾房。

谁腾房子谁挨村民骂，他们找到村主任薛迎娥。薛迎娥想说服他们："政府要改造北梁，征拆是政府的命令，咱们不安排办公地点，人家在外面也办公，你们就忍心？"

　　薛迎娥最后还是没能解决动迁组的办公用房，只得在附近的聚贤饭店租了几间客房当办公室。

　　作为村主任，薛迎娥一边要完成政府的征拆任务，一边也要考虑村民的切身利益，一个肩膀，两副重担，压得她喘不上气来。区、镇也派人下来帮助做工作，在政策范围内，村里也积极为村民争取到最大利益。群众逐渐理解政府的政策，也接受政府的补偿方案。农村大事小情历来是"村看村，户看户，村民看干部"。拆不拆，甚时候拆，看干部的，干部动了，群众也就跟着动了。

　　在西井湾，自然看村主任薛迎娥了。

　　薛迎娥的房子在村里最亮眼。这个漂亮的房子，宽敞的院子去年才建好，还没住几天就要拆？放在谁身上，也很难想通啊。

　　全村人都盯着薛迎娥……

　　村里有人嚷嚷道："村长家拆了，我们就拆！"

　　对征拆改造，薛迎娥拥护，对棚改政策，她很清楚，对补偿方案，她也赞成。薛迎娥一边在做村民的工作，一边其实也在做自己的工作，就是看着自己刚刚建起来还没住几天的房子下不了决心。区里、镇里领导都知道薛迎娥的难处，但工作还是得做。一天，都半夜十二点了，区里一位书记打来电话，要她做表率，催促她搬家。

　　薛迎娥讲到这里，扑哧一笑，说："当时，我接了电话也没好气，就说，搬，明天就搬！没想到第二天早晨铲车就开到我家门前！还是邻居告诉我才知道的，一边急急忙忙从住处往村里赶，一边给在萨拉齐的弟弟打电话，叫他过来帮助搬东西。"

　　薛迎娥告诉我们，她搬家的那天是 8 月 18 日。那天上午，差不多全村人都来看村主任家拆迁，村里人都看明白了，不管你住的是别墅，还是土房房，都必须拆迁。接下来的两天里，书记家拆了，副村主任家拆了。村里人一个接一个开始跟动迁组签协议，西井湾村开始了大搬迁。

薛迎娥说，在征拆她家那天上午，她一滴眼泪都没有。下午，她却坐在自家房子废墟上哭了个够。这是他们两口子七八年辛辛苦苦做买卖挣钱盖的房子，是苦熬大半辈子好不容易挣下的家产啊，一个上午就变成一堆石头瓦砾！

薛迎娥哭了一个下午，太阳快落了她才下梁。薛迎娥说："哭了一下午，心里好受多了，再看到村里一家又一家忙着搬家，我心里反倒有了一种完成使命的自豪感和作为村干部的成就感呢。"

薛迎娥痛痛快快地大哭一场后，又痛痛快快地组织村民拆迁。

一位八十多岁的老太太，村里人都叫她"狗狗妈"，在拆迁时可是给薛村主任出了一番难题。

老太太住的是百年老宅，她在这个宅院里做媳妇，在这里生娃，又在这里当婆婆、奶奶。老宅院、老房子是她和老伴、儿子狗狗一砖一瓦几十年营造起来的，咋，你们说拆就拆啦？

薛村主任做工作："拆了旧的，给您换新的，新楼房，新环境，有花园，还有休闲小广场，多好哇。"

老太太说："好？哪好？有村里头的鸡叫鹅叫了？出了家门还有老邻居拉呱话了？"

儿媳妇劝："我去看了，新楼房可漂亮了，住着宽敞明亮，还方便啊！"

老太太摇头："可方便呢，在屋里吃，在屋里拉，是能吃下呀，还是能拉下呀？还有楼上楼下的，爬来爬去，等我的老腿抬不起来的那一天，谁管我了？"

儿子狗狗会说话："谁管？有您儿子呀，我天天背您上楼下楼。"

老太太不再说什么了，思想似乎通了。

可是，到了拆迁那天，老太太却坐在炕上不动弹。挖掘机在大门外轰轰响，左右邻居的房屋子一间又一间被推倒，东西院落一座一座被铲平，到狗狗家就卡壳了，开挖掘机的师傅急，征拆干部急，薛村主任更急。大家把老太太从屋子里抬出来，挖掘机刚启动，老太太又跑回屋子，坐在炕上哭。三番五次折腾，弄得大家哭笑不得。知母莫如儿，狗狗说："我去劝我妈！"

狗狗进屋不大工夫就搀扶着老太太出来了，老太太抹着满脸老泪说："我们自己盖的房子，我们自己拆，狗狗，上车！推房子！"

狗狗还真会开挖掘机，他换下司机，"轰隆隆"几铲就把百年老宅院推到了。

狗狗妈悲天怆地大哭了……

土地是农民的命根子，农民对土地的依赖是与生俱来的。农民的宅院是一个家族凝固的历史，他们依恋故园是对先辈的一种尊重，一种敬拜。

坐在我们面前的薛迎娥，在农村生，在田野里长大，有着深厚的土地情结，也最理解身边的农民。她说，西井湾村搬迁已经三个月了，村庄现在已经变成一片荒野。搬迁出去的村民都分散租住在各地，可是他们三一群五一伙，常常跑回到村里，却找不到原先自己家在的地方，他们只能从村中那几棵依然伫立的老树，辨别着自己曾经住过的家。

中午，我们要离开西井湾村委会时，看见来办事的几位乡亲办完事儿也不忙着回家，亲热地坐在一起说话。他们的话题总是离不开西井湾，说着昨天拆迁的事情，讲着村里一生一世都讲不完的故事……

特殊"钉子户"

按说，棚改拆迁是一件造福于民的好事情，好多人不仅改善了居住环境，也从中得到了收益，民间也有"要想富，当拆迁户"的说法。

可事情却总是有它的两面性，"拆迁"这样一件好事，也会演绎出好多不该发生的悲剧。我们耳边不断听到有关于拆迁的负面消息，"钉子户""强拆""暴力拆迁"这些词儿也总是刺激着人们的神经。一些所谓的"钉子户"坐在自己的房顶上，一手拿着汽油桶，一手拿着打火机随时要与自己前人留下的祖屋同归于尽，下面是推土机、公安、消防、城管等一系列人员，或许还有传说中的"黑社会"什么的，一时间剑拔弩张，悲剧往往就真的就发生了，让人难以面对！

难道中国老百姓就是那样不通情达理吗？政府执法就是那么强行暴力吗？如果一定要探究"钉子户"与"暴力拆迁"产生的深层缘由，就当下我们的政策而言，就我们的国情而言，就我们一些地方个别人的个人素质和工作作风而言，这里面的原委真的很难说清楚。

北梁拆迁，同样面临着其他地方遇到的难以破解的困局，两年多时间过去了，北梁的拆迁引起了全国瞩目。而拆迁这样一个系统工程，政府形象的展示就是对待老百姓的态度和出发点。老百姓在多年与政府的交道中，评价其实很简单，就是看能不能在国家和地方的种种政策中得到实惠。而北梁拆迁在短短的时间内，完成基础征拆，也许会有一些不同于寻常的工作方法。

张永生是先明窑子村书记，他给我们讲了村子里几个"钉子户"的故事。而这几个"钉子户"真的有些特殊。

先明窑子村，早先是由晋商和回民的驼队，从四面八方赶来集中贩卖牛羊、皮毛之地，驼队到达此地时恰好天刚刚蒙蒙亮，"先明窑子"这地名就诞生了！先明窑子是距110国道最近的一个自然村，与三官庙、大仙庙接壤，城乡接合部，人员构成复杂，全村共有398户村民，老村民常住的不到百分之三十，买房租房的人却很多，外来人口多达百分之七十以上。按先期摸底的数据来看，需要拆迁的有1018户，回民又占到百分之三十。

村民马珍不是钉子户，他也特别拥护这次的拆迁政策，是一个通情达理的人。其实，从拆迁开始以来征收工作快速推进，形势非常好。眼看别人都已完成拆迁，可老马家就是迟迟不动。在别人看来，老马家就是一个"钉子户"。村里的人家都搬走了，就马珍家的院子仍孤零零地立在那儿，与周围的空旷形成鲜明对比。

　　马珍家的情况有点儿特殊，65 岁的他在这儿生活了几十年，因为信仰伊斯兰教，家又离清真寺近，做礼拜参加各种活动很方便，不愿意搬走就是情理之中了。

　　老马家连房带院共 400 多平方米，其中房屋面积 140 多平方米。按照政策，除在奥宇新城要两套 86 平方米的安置房外，还可以得到 90000 多元的现金补偿。这些老马都能接受，搬到新家当然好，楼房里住着，生活起居方便，干净卫生。但一直靠养羊为生的他，离开他的院子，又去哪里养羊？不能养羊，生活来源又在哪里？

　　老马还有一个病重的儿媳妇，马珍和老伴与儿子儿媳同住一院 30 多年，起初，动迁干部做工作时，双方对一个院里扩建的羊圈该不该补偿还存在一些分歧，导致动迁工作进展缓慢。到后来，老马的儿媳得了化脓性肺结核、心肌炎、肾炎，大夫说病情很严重，随时会有生命危险。在这种情况下，老马不想挪动，一家人想陪着生命垂危的媳妇留在自己家里走完生命最后的一程。这是人之常情，动迁干部也理解，所以搬迁的事儿就拖了下来。

　　马珍家的拆迁牵动了好多人，村委会的干部自是不必说了，每天帮忙想办法克服困难，市、区下派的干部、河东镇的书记镇长也都出面耐心仔细地做工作，晓之以理，动之以情，有困难大家想办法一起来克服。

　　这期间老马也对拆迁政策做了一个估量，房屋征拆后，政府对村民进行统一安置，人均 35 平方米住房，外加 20 平方米商业用房，统一办理城乡居民养老保险和医疗保险，村民们今后的生活没有了后顾之忧，我们祖祖辈辈哪享受过这样的实惠。所以他早就想通了，他想自己一方面要配合政府的拆迁，一方面还得考虑搬迁以后一家人的生活，有时间就出去看有没有合适再养羊的地方。终于他在前营子村顺利租下一处院子，可以继续养羊了。这期间，经过反复核实，最终按照政策给予老马家那个有争议的羊圈补偿了 40000 多元。

　　几件事都有安顿了，老马愉快同意了尽快搬迁。

老马说："没有了后顾之忧，自己没有不签的道理。"

搬家那天，他家里变得异常热闹，亲戚和以前的老邻居们都赶来帮忙。老马心情复杂地看着这一切。"钉子户"，当得知别人曾经认为自己就是那种让人讨厌的"钉子户"时，老马无奈地笑了。

张在在，住在先明窑子村94号，丈夫去世后她和年迈的婆婆同住，还带着一个18岁的孩子，生活挺困难。张在在家原居住面积是33平方米，还有一间22平方米的自建房。按规定，她家拆迁只能分到一套65平方米的保障房，考虑到孩子长大以后没地方住，张在在一开始坚决反对搬迁。经过动迁干部乌力吉多次沟通协商，并积极向上级汇报，为张在在的婆婆又争取到一套公租房。张在在感动了，她发自内心地说："政策好，解决了我和婆婆的后顾之忧，我们马上就搬！"

搬家那天，村支书张永生也来帮助她搬家。张在在把支书悄悄拉到一边问："张书记，我不是钉子户吧？"

张书记说："不是。咱们村没有钉子户，北梁征拆也没有钉子户！"

张在在笑了。

在采访王家圪旦村委书记朱存亮时，我们了解到，王家圪旦村共有1600多户，村民一半，空挂户一半，情况更为复杂。朱书记说，不管千头万绪，问题总有合适的解决办法。村里的拆迁主要看村干部，村干部不带头，是没有人会拆迁的，大家什么也不说，都在观望村干部，你的头带得不好，人家怎么能积极？村干部一定要带头，首先把自己的房子先拆了。讲到拆自家房子那天的情况时，朱书记说，拆房时自己都不在现场，不是工作忙，也不是有别的事儿，只是不愿意看到自己亲手设计的房子一瞬间化作瓦砾。朱书记在村里是个能人，是先富起来的那一部分人中的一个。前些年搞工程承包、开厂子发家致富，1998年村民投票选举他当上书记，至今已经六届。致富不忘乡亲，他为村里做了不少好事，但这次拆迁他也遇到了难题，村干部尽管自己带头拆自己的房子，但工作并没有他想象的那么顺利。

老朱有一个堂兄，前几年搞工程赔了不少钱，对于他来说，拆迁之后住新房子是好事，但还得交一些钱，因为以前借过别人钱，再借显然很困难了，还不如现在住在老房子里省事。一想到又要四处借钱，他的气就不打一处来！他传出话来："我就是不拆！"

不拆可以做工作，有什么问题可以讲出来。可偏偏朱存亮这个堂兄有个性，电话不接，人也不见个踪影，玩儿起了失踪。老朱先是动员和堂兄关系好的人到处找他，能找的地方都找遍了，就是见不着人。老朱想，堂兄的问题就是缺钱，一定要从这里打开缺口。他以自己的名义动员亲戚朋友集资，多的几万，少的几千，自己带头拿了最多的钱。他和亲戚们讲，这些钱算借给他的，等他翻了身就会还上的，实在还不了，我给你们补上。

堂兄的问题解决了，妹夫的问题又出来了！妹夫家占地面积不大，但房子质量好，盖房子时投资大。如果按照补偿政策，吃了不少亏，所以行动也不积极，同样的办法，老朱拿钱解决问题。

在朱存亮帮助下，堂兄、妹夫先后都搬迁了。搬迁后堂兄、妹夫请老朱和亲戚们喝酒，堂兄举酒杯说："存亮啊，没有你的帮助，没有亲戚们借给我钱，我真成了'钉子户'了，在北梁征拆当'钉子户'多丢人啊。"

妹夫也说："多亏我哥和亲戚们帮助，要不成了拆迁'钉子户'可就抬不起头了。"

原谅我这个老太婆吧

李二花眼一个人来到她家的菜地。

她喜爱这些嫩绿的蔬菜，天天看着这些菜苗生长，她在地里锄草松土、打药施肥，勤快得很。虽说只有几分地，品种也不多，可她一直悉心照顾着能带来微薄收入的菜园。今天她刚刚打理了十几分钟，就一屁股坐在了田畦上，看上去有些心灰意懒。

一大早，包片干部领着几个小青年又到了她家，还是不厌其烦地说拆迁房子的事，这已经是这个月的第十次了。她心烦得厉害，但该对他们怎么说呢？每次来就两个字"不拆"。

她心里的隐痛只有她自己知道。

拆迁是大好事，没有理由不支持，不配合。可是当第一次听到要拆迁搬走的时候，李二花眼的心里酸酸的。当天夜里，她对着丈夫的遗像说了好多的话。"咱们家就要拆了，住了一辈子的地方要变成平地了，我不想走，可是这是政策呀。几天了，我不知流了多少眼泪，现在，我还没签字，你知道，顶不住的，好多地方已经拆了，我也不知道该怎么办？你倒是给出个主意呀。"

孩子们也都各自成家，李二花眼一个人的日子过得挺艰难的。故土难离呀，一辈子住惯了这里，看惯了周围的人们，适应了这里的环境，说搬走就搬走，谁的心里也不好接受。

一次次与上门的干部吵嘴耍脾气，不就是拧不顺心气嘛！人家一走自己又不好意思了，毕竟，那些娃娃们也不容易啊，这个坎什么时候能过得去？李二花眼不是那种认死理的人，心不顺，没有别的办法，就是死抗、硬顶、磨时间。

昨天，二儿子来了，他开门见山对李二花眼说他想分些钱，自己外欠债太多，趁这个机会也好还上些债，老人家知道儿子的难处。"亲戚们都不让我带头签字，他们就是想让我多要钱，我明白，可是，政策就摆在那儿，干部们一次次解释得明明白白，一条条讲得清清楚楚，我心服了，嘴上不服。不签字，为什么？如果我签了字，亲戚这一关不好过，儿子这一关更不好过。"

那天儿子的话和阴沉的脸在她脑海里翻腾。"不管怎样，你要顶住，多顶些时间，他们就会松口。"儿子很果断。"我这不是想了很多法子吗？我看是不好顶了，时间越来越紧，下派干部也费了好多心思。"李二花眼说。

　　马上就是九月底，离拆迁的时间很近了，可是李二花眼就是不签字。组长杜伟荣和几个拆迁队员，再次来到了李二花眼家里。

　　"你们把拿来的东西都拿回去，我不要你们的东西，也不拆房子，你们就死了这份心吧！"李二花眼边说边把牛奶、水果提起来往门外放。

　　"您不要发火，咱们又有几天没见面了，我们来看看您。您上次说2000年测绘局来家里丈量过您的房子，您现在也找不着票据，我们回去问了领导，像这样的情况，不止您一家，根据规定，不予赔偿。我们必须照章办事，不能违规操作。"杜伟荣耐心地说。

　　"那我不管，反正我不拆。"李二花眼态度强硬。

　　一天，在菜地除草，李二花眼不小心被铁锹绊倒，手划破流了血，她赶忙找到一块干净的布子，包扎了一下伤口，又喝了一片止痛片。这几天她觉得很累，真想在家里好好睡上一觉，但地里的菜不等人，必须尽快卖完。

　　一个人的日子过得很苦，李二花眼每天早晨四五点钟就起床了，先把菜割下、装车，再拉到市场去卖，遇上天阴下雨，菜就不好卖了，她心里干着急又没办法。

　　杜伟荣从村民小组长那里了解到，李二花眼每天一大早在南圪洞市场出摊卖菜，于是，他和队员们来到了菜市场。

　　看见杜伟荣和队员们来了，李二花眼先是一笑，接着便绷起了脸。杜伟荣与老人家说："今天，我们几个帮你卖一天菜，行不？"

　　"不用，有你们搅和，我的菜更卖不出去了！你们还是回去吧！"老人家说。

　　"你这么辛苦，我们帮帮也是应该的。"小杜说着就招呼队员们吆喊起来。李二花眼一看这阵势，也很无奈就说："哎，卖就卖吧，但是不能赔了钱卖，要是赔了钱，我就和你们几个要。"老人家的态度似乎有所缓和。

　　李二花眼的二分地上种的菜也只有油菜、香菜、菠菜几种，虽说卖不了多少钱，却是她唯一的生活收入。

"油菜一捆一元！香菜一捆一元！菠菜一捆一元！"队员们高声吆喝着叫卖。

"不是，是一捆二元，你们咋能这样卖呢？"老人家着急了。

"不怕，这不是为了早点卖完吗？亏下的我们给您补上。"队员们回答。

杜伟荣观察着李二花眼的举动，他觉得老人家应该接纳他们了，笑着马上说："大家加油，我们的任务就要完成了。"

队员们也明白了杜组长的意思。

其实，老人家并没有故意为难的意思，主要的是情感上一时过不去，所有的理由只是用来应付工作队员的。拆迁人员几次三番到李二花眼家做工作，交流沟通思想，他们也深深地理解老人的内心，拆迁是大事，协调也是大事，让每个人都情顺理顺地拆迁，才能达到预期的目的，所以，面对李二花眼的各种对付的做法，大家都没什么怨气。

就在接近拆迁的前三天，李二花眼把自己的儿子和小叔子、小姑子招呼到一起，开了一个家庭会。她说："我在这儿住了一辈子，从来也没有干过让别人说三道四的事情，可这一次，为难了政府，为难了拆迁干部，做了本来不该做的事情，我心里实在是过意不去。我也知道，你们的想法都是为了我好，可是这种做法真的不好。"

李二花眼很快就签了协议，她仿佛卸下了千斤重担，精神一下子畅快了许多，每天精心侍弄她的菜地，按点儿到市场去卖菜，静静等待着搬新家那一天的到来。

第七章

法律的天平撑起了天地人心

暴力拆迁，是一个国家的伤痛。

中国实施棚户区改造的时间虽不算长，但在棚改道路上也艰难跋涉了十多年，有伤痛也有教训。在坊间就有这样的说法：开发商愁钉子户，法官愁拆迁诉讼案，公安愁暴力事件，政府愁群体上访……

包头北梁搬迁改造，却没有出现一个"钉子户"，没有出现一起群体性事件和极端事件，没有发生一起大的社会治安案件。为什么？就是在征拆始终，法律的及时跟进。

北梁棚改一开始就走在法治轨道上，法律上北梁，法官走进千家万户。进驻北梁棚改征拆区域十四个月，"吴燕说法""法官工作站"调处了970多件纠纷，仅90几件进入诉讼，而且是理性进入诉讼，调解率达百分之九十以上。

"吴燕说法"的"法"

吴燕是东河区人民法院副院长。

"吴燕说法"的第一课始于2008年，那时东河区"城中村"改造工作刚刚开始，第一课开讲就在河东镇。没有"轰轰烈烈"的开讲仪式，吴燕只是"悄悄"走进村社，找各个村主任、支书谈，给他们讲课。

"你们是谁?" 吴燕开头便问。

"村主任。支书。" 主任、支书们回答。

"不! 你们不光是村主任、村支书。你们是棚改的带头人,是全镇五十几张嘴,五十几个'吴燕说法'组的成员。如果你们懂得了一些起码的法律法规,棚改工作就不难。" 吴燕说。

在一片吵嚷声中 "吴燕说法" 开讲了。吴燕从河东镇的土地使用现状,讲到集体土地如何成了国有土地;从 "城中村" 改造的经验教训,讲到为什么进行棚改,怎样棚改;从村委会如何履行职责,讲到村民如何在拆迁中既要考虑公共利益,又要保护个人利益;从姑娘出嫁权益保护,讲到农村宅基地上的房屋买卖……吴燕讲得专业、风趣、实用,大家听得有滋有味。吴燕和她的团队一连讲了三天,讲通了一个基层 "领导群体"。五十几位村主任、支书从不懂法的 "糊涂人" 变成了知道依法处理棚改纠纷的 "明白人"。

"'吴燕说法'好!" 一位村主任说。

五十多位村干部了解了棚改相关的法律法规,变成了五十多个 "吴燕说法" 组成员,处处讲相关政策,解决纠纷。而流动的 "吴燕说法",除了解答棚改区老百姓的咨询,帮助他们解决纠纷,吴燕和她的团队每天忙得不亦乐乎。

"法官讲法" 起初是 "东河讲坛" 中的法律讲座。老百姓爱听,天天有人找上门请讲,于是就有了 "吴燕说法"。"吴燕说法" 用群众听得懂的法律语言,讲群众最关心、关注的热点问题,由 "坐堂讲课",到走进社区、农村、学校的 "走讲",专题宣讲、以案说法、互动问答、个别咨询,形式多样,深受老百姓欢迎。

棚改开始了,"吴燕说法" 又一次走到了前台。

其实,吴燕早有了思想准备,在棚改工作启动第一时间,她就带领团队制定了北梁棚改工作服务方案,组建了法官小组。东河区法院抽调了四十多人的精干力量,在北梁成立了法官工作站。吴燕和团队积极参与了风险评估报告,在制定征收方案中,配合棚改指挥部,就可能产生争议、需要完善的条款，提出修改意见。对征拆过程中遗留的问题如何处理、程序如何规范、矛盾怎么化解等问题，都提出了合理化建议。

"吴燕说法"和法官工作站保持着工作常态化，用吴燕的话说，就是用老百姓听得懂的语言讲他们关心的问题，让老百姓直接受益，也让他们能找到表达诉求的正规渠道，在群众家门口为他们维权。

蒙冀铁路线扩建涉及位于东河区铁路宿舍三号楼的拆迁，桥墩都架起来了，可就是拆不动。34户居民反应强烈，调解工作不但没有效果，居民的对立情绪更加严重。问题拖到2011年不但没有任何进展，老百姓还时常用非理性行为对拆迁人员进行示威，居民不让工作人员进门，门把手上甚至涂着胶水、粪便之类，局面僵持不下。

吴燕和同事们接到任务后来到拆迁楼，看到在不远处集结的人群正向她走来，旁边的法官问吴燕，需不需要叫警察，这架势咋谈？吴燕拒绝了同事的意见，如果害怕老百姓还来这里干什么？如果畏惧老百姓，还当什么法官？

吴燕与居民的距离越来越近，她看到的是群情激愤的百姓，百姓看到的是一个梳着短发，身穿制服的女法官。

居民们眨眼间里三层外三层将吴燕团团围住，吴燕确实从心里感到了一丝恐慌，她对自己说：要镇定，要耐心等待，等居民们把愤怒的语言全部倾泻出来，再开始对话。就在这时，吴燕听到有人大喊一声："都别吵吵啦，我在电视里看到过她，这是个好人，咱们听听她怎么说。"居民们立刻安静下来。

是一位老人认出了吴燕。

当时吴燕为这一句"她是个好人"感动得差点儿掉下眼泪！工作几十年了，那一刻她才知道，那些日日夜夜的案卷分析、那些无以计数的基层调解、那些伏案备课讲法的辛劳为的就是这一句话呀！

吴燕信心倍增，在交谈中和居民们拉近了关系，来到了3号楼，居民给她搬了个小马扎，仔细地听她讲拆迁政策法规。一位六十多岁的大娘颤巍巍地拉着吴燕的手说："吴院长，你是我见到的最大的官儿了！"吴燕听到这句话心里酸酸的。平常他们都坐在办公室里，与老百姓缺乏有效沟通和联系，走到他们中间才感觉着接地气。之前政府征拆人员来了连门也进不了，今天她们来了又沏茶又切西瓜，老百姓对法官们这么信任，都是"吴燕说法"在群众中有了影响。在随后的工作中，群众主动自发地打电话联系，34户居民都分别见面交谈，吴燕他们在了解居民诉求过程中找到了问题的症结：一是政府的补贴与当时的市场价有偏差，以致居民搬迁后不能正常买房租房。为此，吴燕同两名居民代表到各个售楼部和房屋中介处进行调研，确认居民反映的情况完全属实。二是存在特困人员，如一户残疾人家庭，户主身体严重残疾，没有稳定收入，搬迁存在实际困难。于是吴燕将调研的结果以及处理方案一并向政府主管部门反应协调，促成了搬迁补偿条款的修改，合理提高了补偿金额，为特困户办理了残疾证、医保、社保，并为残疾人家庭的孩子找到了一份工作。

吴燕想到这里的居民岁数都不小了，怕他们情绪激动时有什么不测，就经常带着一位医生一起下到社区，一位大娘说："你想得真周到，把医生都给带来了。"吴燕动情地说："你们都这么大年纪了，老爱激动，我也不知道你们有什么病，我也有老人啊！"

居民们感动地说："吴院长，我们就相信你，你说怎么签协议我们就怎么签，因为你不会骗我们。"

这场纠纷，原本以为要打一场持久战，然而不到两个月的时间，居民全都签了协议。

吴燕说："法律只有在具体使用中才能让老百姓感到有用，只有在为老百姓解决了实际困难后，才能让老百姓相信。在老百姓遇到问题时，能够得到及时、便捷、高效的法律服务，才能使他们逐渐转变过去那种'信访不信法'的观念。"

2013 年 7 月 23 日上午，一份《东河区人民政府关于北梁棚户区国有土地上房屋征收补偿方案》摆在吴燕的办公桌上。

在棚改工作启动的第一时间，吴燕就带领团队制定了北梁棚改工作服务方案，组建了法官小组，来到北梁法官工作站开展工作。老百姓不用花钱，不用请律师，甲乙方在现场摆明问题、表达诉求，快速化解纠纷。北梁法律工作站成了全国棚改动迁中首次出现的新事物。

棚改一定要依法拆迁，和谐征收，棚户区和谐搬迁的背后折射出的，是依法行政和法治政府建设的最好检验和最成功的实践。

吴燕运用"五理运用"的办法走进棚户区千家万户，她走进的不仅是拆迁户的家门，而是他们的心里。有两个故事可以告诉我们，她是怎样走进动迁户的心灵的。

王氏一家弟兄仨都相继去世了，祖屋一直由老大的儿子居住。因为房屋纠纷，几家人十几年不来往了。这天，老三爱人摆了一桌，宴请了所有家人。她说："这是'修'来的福分，菩萨就是法官吴燕。"

"菩萨"吴燕的"施法大成"就是"五理运用"。

王家老大的儿子居住祖屋，老二、老三的家人一直说房屋是共有的，老大的儿子却说房子是他的。老大的儿子有一张 1980 年给老二家和老三家 1000 元的凭据，一张 1990 年给的 4000 元凭据，说当时有口头协议 5000 元交割祖屋。老二家、老三家承认曾有过协议，但说只给了 1000 元，十年后给的 4000 元是老二家儿子结婚向老大儿子借的，所以协议不成立。

"协议在哪儿？"吴燕问。

"是口头协议。"老大的儿子说。

"这些年房屋是老大的儿子居住、管理，你们为什么没有提异议？再说，修缮都是他出的费用，你们就没有异议？"吴燕问。

"我们也不懂，没有提什么异议。修缮是他出的钱，我们没出钱。"老二、老三的爱人说。

"4000 元有借条没有？"吴燕问。

"没有。"老二的爱人说。

吴燕心里有了数，她开始调解。她从情理和法律两方面分开说：从法律角度，你们谁都站不住脚，只是口头协议，又给了一定补偿，从老大儿子的角度，没有凭据说是补偿款。从另两家说是借钱又没有借据也没法证实。再说老大的儿子，十年前的 4000 元与今天的含金量是有差别的，怎么说也说不过去。老大的儿子多年一直居住、修缮祖屋，谁也没有主张权利，现在提出房屋是共有的，老大的儿子显然不能接受。最后吴燕提出让老大的儿子给两位叔叔家人分别补偿 3 万元，房屋归老大的儿子所有。

老大的儿子怒气冲冲坚决不干，说自己吃亏了。

几天后，吴燕再一次把家人请到一起，把法理、同理、伦理、情理、心理的"五理运用"，一条条摆在一家人面前，说得王家有人沉思，有人忏悔，最终个个喜笑颜开。

老三家摆了一桌，十年没有来往的一家人，这一天欢欢喜喜坐在一起吃了一顿团圆饭。

吴燕和北梁"法律工作站"就这样走进了棚户区的千家万户，吴燕和她的法官同事们也到了人民群众的信任与尊重。市委、市政府颁发给他们"先进集体"奖；东河区树立四个学习典型，"吴燕说法"就是其中之一；工作站的多名法官获得市政府颁发的棚改"先进个人"奖章。

无效的合同书，有情的调解人

2013 年 9 月，北梁棚改"百日攻坚"开始后，东河区法院即成立了六个法官工作站，四十多名法律工作者在拆迁现场为群众服务。

10 月 8 日一早，一张熟悉的面孔出现在法官梁子明面前。他记起眼前这个女人叫李慧英，曾因没有经过妹妹的同意私自将父母留下的房子转卖给了邻居张健强。妹妹李月英知道后，提出诉讼，最后法院判决房屋买卖无效，要求李慧英退回房款，张健强退回房本。张健强不服提出上诉，结果仍然支持原判。可是张健强没有执行，至今没有将房本退还给李慧英。

"梁法官，您还认得我不？"李慧英满脸焦急。

"认得呀。"梁子明回答道。

"梁法官呀，我好难啊！"李慧英突然哭了起来。

"哭甚哭了，有事儿说哇。"

"你记得哇，前些年，我家那户房子法院判的买卖无效，我拿着邻居张健强给我的18000元买房钱去他家，想要换回房本，结果被这个倔巴头给骂了出来，他说成个甚也不给我房本，他不承认法院的判决，他就死认我们那张不合法的合同书，就说是有我的签字。我妹妹的事，那是我们家的事，与他无关，我也拿这个倔老头没办法，就这样拖了好几年。现在眼看着周围的房子都拆了，就我们家那老房子还杵在那不能动，我老头子又找了这老家伙好几次，他就是不还房本。你说该咋办？我妹妹一家子也成天埋怨我，我现在成罪人了。"

早就站在一旁的张健强瞪着溜圆的眼睛，手里晃动着一张纸说："你看看这是啥？上面白纸黑字写得明明白白，房屋买卖的后果由你承担。我当时就问你了，你能做了你妹妹的主不？你张着大嘴说能了。现在看着有好事了，就想要回去了，咋就会想美事了！告诉你，这个房子是我的！"

看着这两个人由邻居变为原告被告，现在又成了仇人，梁子明知道，他们之间的矛盾纠纷起因在拆迁上，都想着能多得到一些实惠。于是他大声对身边工作人员说："李慧琴的房子只能先冻结。"

说完梁子明看到张健强和李慧英的表情很不自然，他知道，他们因为这房子的事，已经拖了很多年了，面对现在更大的利益，谁都急于得到，谁都不想让步。于是他转身对张健强说："你已经打过两次官司了，结果都是一样的，你手里的这张合同无效。这一次你即便再坚持，房子也要拆，只不过先冻结补偿款，再通过法律手续办理，结果你也应该知道的。这期间除了要耗费时间，还要交诉讼费。你也不富裕，所以要想清楚了。如果在我这调解好，你可以拿回你的买房款，也可以得到一些补偿款，你是咋想的？"

"我当时花了18000元买的房子，能给我补偿多少？"张健强有些松口。

"你拿着我的房本，耽误我拆迁选房，这不是损失？你咋不说了，还跟我要钱，你咋好意思了。"李慧英说。

"自己办下的灰事，还有脸了，我告诉你，不给12000的补偿款，我还就拖着你了。"

"12000？你掉钱坑里了，最多给你5000。"

"停！"梁子明看到他们已经把心理价位都说出来了，就立即打断他们的争吵："你们听我说，都是街坊邻居的，也不怕别人笑话！看看你们周围的人是不是有的已经住进新楼房了？你们还在这嚷嚷，有甚意思了。18000的房款是死的，补偿款当时法院判的也有这项。"他对李慧英说："当初，你有错，隔着你妹妹就把房子卖了，还给他写了保证书，现在北梁征拆的政策这么好，张健强不满意是有道理的，你再给长点儿，9000元咋样？"

"啥，9000？"张健强有些急了。

梁子明又对张健强说："你是李慧英的邻居，咋就不知道她还有个妹妹？你也有错，不知道依法办事。另外，法院在几年前就已经判了，你没有执行，这本身就是触犯了法律，你以为你还占理了。李慧英姊妹俩也不富裕，你也再降降就行了，赶快让她们办完手续，咋样？"

张健强想了想，嘟囔着："我回去再思谋思谋哇。"

"好，你再想想，要当紧啊。"梁子明知道他是脸面上有些挂不住，撑了这么多年，一下子也缓不过劲儿来。

三天后，动迁组的一位工作人员高兴地找到梁子明说："梁法官，张健强和李慧英达成协议了！就按你说的意思办了，终于把这户征迁协议办完了，还是你们法官有办法，厉害！"

一张假的死亡公证书

"你说说，这个灰猴还叫人了！甚也能说出来，甚也能做出来，说我死了，还没儿没女，公证处还给他做了个什么公证！我昨天拿着身份证去了公证处，我问他们，你们好好看看，我是大活人还是死鬼？你们把眼睛睁大点儿，好好看看！"

法官工作站的杨志茹一头雾水，她站起来对眼前这个白发苍苍的老人说："大爷，您不要激动，坐下慢慢说。"老人颤巍巍地坐下，颤抖着手说："这叫甚亲兄弟，牲口。嗯？我把他从石拐那穷山沟里弄出来，给他找工作，让他住我房子，嗯？为了这个房子他敢咒我死，想要我的房子，哼，等的哇！"

老人身旁的中年男人打断老人说："法官，我大老了，说不清楚。""甚叫说不清楚！"老人又吼着。杨志茹忙把一杯倒好的水递给老人说："大爷，您先喝点儿水，这么大年纪了，发这么大火，伤身子呢。这位是？"老人喝了口水说："我儿子！"

老人的儿子慢慢讲起事情的缘由。原来，老人是六十年代从石拐矿区来的包头，后来又把他的弟弟也从石拐弄到了这里。弟弟成家时没有房子，老人把自己在北梁一户十几平方米的公产房让弟弟住了。这一住就是二十年，房改那年，弟弟用老人的身份证和老人给他的钱把房子改成了老人的个人产权。房改后，他把老人的身份证还给了老人，房本留给了自己。

入户摸底调查阶段，老人正在北京住院看病，等他回来，已经是十一月份了。结果，老人的弟弟弄了个假证明，在公证处办理了他哥哥去世，又无子女的"公证"，然后拿着这个公证书很快就跟动迁组签订了安置协议。如今征拆补偿手续都办完了，就差选房号了。由于他在这个地方住的年头太长了，别说是动迁组的人，就是街坊邻居都没产生过怀疑。

杨志茹了解完情况后，立刻通知承担这户房子征拆的动迁组，让他们在次日带着当事人一并过来。打过电话，老人和他的儿子气哼哼地走了。杨志茹瞧着他们远去的身影，总觉得有些不妥，她又给动迁组打去电话，把老人弟弟的电话号码要了过来。在跟老人弟弟的通话过程中杨志茹了解到情况确实，但她还是觉得不稳妥，下班后，又专程去了老人弟弟家。

杨志茹又是好笑又是生气，她戳点着老人的弟弟说："大爷，您也七十多岁的人了，论年龄，我不该说什么，可你是咋就想出了这么个灰主意的？想生米煮成熟饭？你呀、你。"

"这房子我一直就住着，当然是我的了。"

"既然是你的，那你干嘛还要出假公证？"

老人的弟弟不言语了，他老伴一个劲儿地认着错说："杨法官，我知道我们做得不对，也有点缺德。可我们老两口实在是没个办法呀，你说说，这个房子拆了，我们去哪儿住啊？"

老人的弟弟还抱着一丝侥幸心理："那也总得有我点儿份吧，这房子要不是我住着，年年拾掇着，早就塌了。"

杨志茹说："不管你做了甚，这房子的产权人是你哥哥，你没有房屋所有权。你们之间既没有买卖，又不存在赠予，更谈不上继承，所以按照法律规定，你甚也得不到。"

他老伴急得满地打着转说："这可咋办，这可咋办……"

杨志茹说："你明天先去一趟法官站，人家咋骂你也不许作声，让你哥先把气消了，然后我们想办法帮你调解，看看你哥能不能让让你。"

从老人弟弟那边回来，杨志茹立刻与吴燕、梁子明、张俊玲商讨调解方法，他们觉得还是从兄弟亲情来入手。

第二天一大早，老人和儿子还有老人弟弟、弟媳都到了法官工作站。恰好，市中级人民法院的两个干部也在场。他们按照事先的想法先开始批评老人的弟弟，一个说："你这老汉可真够糊涂，你们是一奶同胞的弟兄，你咋说人家死了呢？你哥是谁？他是你最亲的人！你还说谎、做假公证，你住不起房子，我们能理解，我们相信你哥也能理解，可你看你做的这叫啥事儿？快，先给你哥赔礼道歉！"

老人的兄弟和媳妇一起给老人赔着不是。

看到老人的脸色有所缓和，杨志茹忙说："大爷，怎么说你们也是亲兄弟，您把他从石拐弄出来不就是为他过上好生活吗？我听说您两个侄儿的工作还都是您帮着解决的，您的光景比他好，又有本事。您想想，您兄弟也是七十多岁的人了，他家的情况您比我们清楚，您就真忍心让他们老也老了，连个住处也没有了？您就再付出点儿，能不能让他们继续住那房子？"

老人不言语。

老人的兄弟和媳妇忙上前说："哥，我们知道错了，真的，你就原谅我们一回吧！"

杨志茹说："大爷，您看这么解决行不行，您不缺房子，这征拆的房子给他们住着，让他们俩口子拿出一部分钱给你补偿。"老人狠狠瞪了他兄弟一眼，叹了口气说："我回去考虑考虑哇。"

杨志茹给老人兄弟使了个眼色："还愣着做甚？快谢谢你哥！"老人的兄弟和媳妇忙不迭谢着老人。

三天以后，老人的弟弟提着一小塑料袋的苹果来到了法官工作站，他不住气地说："谢谢你们了，我哥同意了。谢谢你们了！"杨志茹说："大爷，不要谢我们，你应该感谢的是你哥，快把这东西给他送去哇！"

郭家房子，齐家屋

2013 年 10 月 4 日中午，口干舌燥的梁子明刚刚送走两个咨询的居民，还没来得及拿起桌上的杯子喝一口水，九片区动迁组的小陈一头闯了进来。梁子明忙把杯子放下，小陈一把抓住他的手说："梁法官，你可得帮帮我们啊！"

"嗨，小陈，你用这么大力气抓我干嘛，我跑不了，先让我把杯子放下，当心烫着你的。"梁子明说话时，杯子里的水还是溅到小陈的身上。"你看、你看，烫着了吧。"小陈说："你那根本就是凉水！"梁子明诧异间，旁边的张俊玲笑着插了一句："可不，放了一上午了，不凉才怪呢。"

梁子明放下杯子。小陈冲后面招着手说："进来，进来，都进来。"然后转头对梁子明说："就是他们家，因为财产纠纷，说什么也不搬，我们还是给人家讲不清楚，这可要影响我们小组的征拆进度了。梁法官，人我都给你带来了，你看看咋解决吧？"就在梁子明一头雾水的时候，一位哭哭啼啼的女孩向梁子明走来，还没等他问，女孩便哭着说："梁法官，您要为我和我妈做主啊！"

"别哭、别哭，先把事情说清楚了，我再帮你做主！"女孩抹了一把脸上的泪水，抽泣着说："我叔不给我们娘儿俩分家产。"

"凭甚给你了，你大死了多少年了，你还想要家产？房子不拆时，连个鬼影都见不着，房子一拆你倒跑来了，咋就想好事呢。"梁子明抬头，一个中年男人进了屋子。听完这几句话，梁子明大抵明白是怎么回事了，脑子里思谋着解决的办法。

"吵啥吵，一个一个说，不然谁也别想解决。"梁子明把脸一沉，他知道先要控制住眼前的局面，把主动权掌握在自己手里，才能让两个人心悦诚服地听自己的说法。

女孩瞪了一眼那个男人说："我姓郭，他是我叔，姓齐，他与我大是同母异父的兄弟，我大已经去世了。我爷爷奶奶临走前，留下了一套 67 平方米的自建房，这次搬迁，我叔他要全部继承爷爷奶奶的份额，房子归他所有。"讲到这儿女孩流着眼泪说："梁法官，我妈身体不好，自从大大走后，我们家穷得甚也没有了，北梁拆迁，怎么就没有我们的份儿？那是我爷爷奶奶的房子，又不是他的房子，凭甚就他说了算？"

"你少在这红口白牙乱说，你有什么份儿？你大几年前已经死了，哪有你这个女娃娃的份儿？再说了，你搞清楚了，你姓郭，我姓齐。你连我们祖上的姓都不随，还想要家产，门儿也没有。"男人又指着他侄女说："你听清楚了，这房子是我大留下的，姓齐，不姓郭。你大是带过来的，从哪说都轮不到他，更何况你了，你还好意思来分家产，滚，有多远就滚多远！"

"你让谁滚？你让谁滚？"女孩指着齐某说："咋了，我为我妈讨个公道，想让我们就这样走了？门儿也没有！"

小陈摇头叹着气说："这几天，我们是磨破了嘴皮子，劝解他们双方让步，结果这叔侄俩见了面就吵，天天翻腾那些陈芝麻烂谷子。"

梁子明笑着说："不要吵了，我听明白你们的意思了，也弄懂了你们之间的关系，我给你们复述一遍，你们看对不对？"他对中年男人说："你妈是带着你哥嫁过来的，你跟你哥是一个母亲两个父亲，对不对？"中年男人点头。梁子明又说："你觉得她父亲是带过来的，所以没有权利分这房子，是吧？"

"是了哇，我大姓齐，房子是我们家的祖产，当然也姓齐，这跟他们姓郭的有甚关系，他们凭甚分我们齐家的房产？"齐某理直气壮地说。

"你不懂法律，这是你的错，你知道吗？"梁子明心平气和地说。

"我的错？我咋就错了，梁法官，你得凭良心说话！"

"我当然要凭良心说话，我更要凭法律办事。"梁子明笑着对齐某和女孩说："来，我给你们讲一讲，你们的纠纷按照法律规定属于《婚姻法》和《代位继承法》。老齐，这套房子是你母亲、你大的共同财产，你侄女的大，也就是你的隔山哥哥，虽然是你母亲带过来的，但是当时年龄小，对你大来说，已形成抚养关系，理应有继承权。除非你能证明这套房子是你大的婚前财产，你侄女才没有现在的继承权。"

"我去哪证明啊？我哥死了这么多年了，当初还是我给安葬的呢，难道入土的人还有继承权？"齐某激动地说。

"你侄女有继承权，你母亲的那一份里有她的份额。"

"胡扯！你是不是收了她的好处了，帮着她说话。我告诉你，不给我一个公道，我就告你们去！"齐某的情绪立刻激动起来。

梁子明指着旁边的几个人说："这儿还有中级人民法院的法官，他们代表上一级法院，你可以咨询他们。我现在就可以告诉你，即便你去告，也是这个结果。"齐某左右看看，一时不知道该说什么。梁子明接着说："如果你非要告，法院要立案审查，这需要很长一段时间，另外还有相关的费用，而且还会影响你眼下选房址、选楼层，你自己合计吧。"

齐某听到会影响到选房，心里有些急，几十年的搬迁梦终于要实现了，咋能因为打官司给耽误了。他看了一眼侄女，心里想着该如何解决。

梁子明看到齐某沉默了，知道这个纠纷是到了该解开的时候了。

他问女孩："你准备怎么和你叔继承你奶奶的份额。"

"房子也不大，我们就想要点钱，我妈有精神病，家里条件不好。"

"你打算要多少？"梁子明问。

"两万。"

"你想钱想疯了吧，我哪有那么多。"齐某当即拒绝。

梁子明看到了转机，他耐心地问齐某："你打算给你侄女多少？"

齐某想了想说："最多一万。"

"你把我和我妈当成甚了，你以为我们是讨吃的！两万，少一分都不行。"女孩高声嚷嚷着。

眼看着叔侄俩又要吵起来，梁子明起身把齐某拉到一边，低声说："虽说你们的姓不一样，但你和你哥是一个母亲所生。刚才你也说了，你哥去世的时候，还是你给安葬的，你这亲情做得挺好嘛！你嫂嫂有病，你看你侄女已经二十多岁了，还没找上个人家，做叔叔的就不该帮一把？再说了，再嚷嚷下去也是这个结果，不如早结束，早选房。"

齐某听着梁子明的指点，想到了当年他和哥哥小时候一起长大的情景，也想到了邻居正在争先恐后选房的事情，心里涌起了一股酸酸的味道，他也知道这事不能再拖下去了。就叹了一口气说："那，梁法官，你说咋办哇？"

"互相让一步，你给你侄女一万五，咋样？"

齐某想了想说："好，一万五就一万五。"

梁子明又走到女孩身边说："我刚才和你叔聊了，我想你也应该知道他的家境不太宽裕，你要理解。更何况你大去世的时候，还是你叔给安葬的，这就是亲情，这就是谁也改变不了的血缘关系呀。"梁子明看着还在抹泪的女孩说："我和你叔商量过了，给你一万五，如果你同意，他就可以尽快选房，住进新楼房，这个冬天也不会继续挨冻了，你们也有了补偿，你看咋样？"

女孩擦了擦眼泪说："我也不是故意为难我叔，打一开始，他就不给我好脸子，所以才闹成现在这个样子。今天您都这样说了，我听您的。"

郭家房子，齐家屋，里面住的都是一家人，梁法官既解决了这场纠纷，又把翻脸的叔侄说和到了一起。

冰棍筷子上的一滴亲情

2013年10月5日一大早，张俊玲还没等把路上买的一个饼子吃到嘴里，一位四十多岁的大姐小心翼翼地凑过来欲言又止。张俊玲见过她好几次了，知道她肯定是有事，就放下饼子笑着说："大姐，你不是第一次来这儿，我见过你，有啥事就说吧，能解决的马上给你解决。"大姐看着她还没吃到嘴里的早点说："还没到你们上班时间，等你吃完再说吧。"张俊玲说："没事儿，你说。"

原来这个大姐有一个抱养的弟弟是这次三官庙拆迁中的一户居民，他住着父母去世后留下的房子，有房本的面积80多平方米，自建房30多平方米。大姐离异后没有工作，带着一个二十多岁的男孩，孩子想结婚却没钱买房，她便惦记上这次老房子的征拆了。

张俊玲看到她那双粗糙的手，知道这位大姐的日子过得不容易，也能听出她不断强调"抱养"这两个字的意思。从她絮叨的过程中，小张法官弄明白了他们姐弟之间自打父母去世后再无来往，不过这个大姐在小时候很亲他这个抱养的弟弟。大姐在三月份征拆还没启动时找过她的弟弟，跟弟媳妇还吵了一架。她后来又找到动迁组，那边也没法给她解决错综复杂的家事，因为她弟弟住的房子的户主是她父母，居住人是她弟弟，按照征拆政策，她属于无房无户，没有任何权利。

她跟张俊玲讲这些的时候，小张边听边思考着如何调解这起纠纷。等她讲完了，小张的一个构思也基本成了型。方法很简单，先是两边讲法律，让他们知道法律是如何界定这种情况，有了这个大框架，他们就能够坐下来对话了，然后再看能不能用亲情打动他们。想到这里，小张说，按照征拆政策，你的这种情况是要不上房子的，这跟你弟弟是不是抱养的没有任何关系。听法官说完这句话，大姐失望的表情立刻从眼角间的鱼尾纹间扩散开来，眼睛里满是紧张。她嘟囔着："是这样、是这样，我还以为……"

看到大姐的表情，小张话锋一转又问她："你父母有没有留下关于把房子留给谁的文字性东西？"听到小张的这句话，大姐的眼睛一亮，忙说："没有，没有，我父母没文化，从来没听说留下遗嘱。"小张说："如果你说的属实，那你父母留下的房产应该是你们姐弟一人一半。"大姐有些激动，很快又满脸愁云地说："可、可我怎么跟我弟弟要呢？"小张说："你回去把你弟弟叫过来，我跟他再了解一下情况。"

当天下午，那位大姐又来了，她说她弟弟根本就不来。小张又给她弟弟打电话，她弟弟在电话里吼叫起来了："我什么都不给她，别说是她找你们了，她就是找到李克强都没门！"还没等小张再说什么，那边就挂掉了电话。后来再打，干脆就不接。大姐见到这种情况，眼巴巴地瞧着张俊玲。小张说："大姐，你先别急，这种有纠纷争议的房子不允许动迁，你别多想，我们帮你想办法。"

第二天一上班，张俊玲再次给大姐的弟弟打电话，还没说两句，他又有挂掉电话的意思，小张硬着口气说："你别挂电话，听我说完！躲你是躲不掉的，动迁组应该跟你讲了吧，这种有纠纷的房产不能拆，你要是再躲，房子和钱你都得不到，想解决问题，你就过来！"

小张打电话那会儿，大姐坐在凳子上不停地搓弄着衣角，眼睛直勾勾地瞧着她。通完电话，小张对大姐说："你弟弟来了，好好跟他说说话，多说说你现在的难处。"

10月7号那天，姐弟俩先后来到法官工作站，还没说上几句话，弟弟的情绪就激动起来。五十多岁的人，看他的穿着就知道家境也很差。他当着小张的面跟姐姐吼："你、你还有脸跟我要房子，咱大病的时候，你干甚去了！你是端过水呀，还是喂过药？你好好伺候过一天吗？这回看见拆房子了，有利了，你倒回来争了，你也好意思，我要是你呀，羞也羞死了！"

"我又不是不伺候，是你媳妇把我轰出来的，你又不是不知道。"

看到他们又把家里那些事儿扯了出来，知道任由他们朝这个方向下去，问题解决不了不说，弄不好还会使矛盾激化。小张对弟弟说："先别吵，这么热的天，来，你先坐下喝口水，你是来解决问题的，还是来吵架的？要是吵架能解决问题，你们也不用来我们法官站了。"

弟弟气哼哼地坐下，小张取出纸杯给姐弟俩倒了水，对弟弟说："你父母给你留下的房子归你，有文字性的东西吗？"他闷声说："没有。"小张又问："你看，你们这种情况，法律上规定应该是你们俩一人一半。"还没等小张把话说完，弟弟就从凳子上跳起来比画着喊："我不管你们法律咋规定的，你爱怎么说就怎么说，我就是不给，她休想从我手里弄走半片瓦！"

张俊玲叹了口气说："你按住心口想一想，这么说话伤不伤人，我听说你还是在你姐姐的背上长大的？"听到这句话，大姐眼睛湿润了，她说："兄弟，你是咱大抱养来的，从你进了这个家门，姐是怎么对你的，你想想，你是不是在姐姐背上长大的？你三四岁那会儿，家里穷，想吃根冰棍，姐背着你走了多少道巷子才捡了半筐碎玻璃，从废品收购站换来三分钱。你忘了，姐的手被玻璃划了那么大个口子，血流不停，姐用这三分钱给你买了根冰棍，姐舍得吃一口了吗？你知道吗，姐也想吃，你吃完冰棍要扔那根冰棍筷子，姐没让你扔，背着你，姐把那根冰棍筷子含的没味了才扔掉，呜呜呜……”

大姐的话和哭声把一屋子人鼻子都说得发酸了，弟弟一声不吭，脸扭到了一边，抬手擦拭着眼睛。小张心里高兴，有希望了！

“兄弟，姐姐是实在没办法了才跟你争呢，但凡有一点办法，姐也不会找你。你说说姐姐，离了婚一个人带个孩子容易吗，你侄子都二十大几的人，好容易寻下个对象，可没房子，人家不同意结婚。现在的房子这么贵，姐又没个固定的营生，去哪儿寻那么多钱呢。兄弟，你也有孩子，能理解拉扯大一个孩子的难处哇，像你们俩口子还好点，可姐姐是一个女人呀，有多难！姐姐也知道有些地方做得不好，那也是叫穷给逼的。你哪怕给姐姐少分上点，给上姐姐百分之三十，帮帮姐姐过了这个坎儿。”

姐姐连说带哭，弟弟听着听着垂下了头。过了一阵，他抹了一把胡子拉碴的脸哽咽着说：“姐，你快别说了，我愿意给你，可，你让我回去商议一下。”

弟弟显然是做不了媳妇的主，他要回家跟媳妇商量。从他的话里小张听出来了，他们姐弟之间的矛盾跟弟媳妇有很大的关系。必须趁热打铁，把法律的底线让他带给他媳妇，要不然变数就多了。小张半开着玩笑说：“做不了媳妇的主？你还叫个男人？你回去跟你媳妇说，如果这里调解不了，你家的房子只能冻结，新房子不能选，补偿的钱也不能给。然后是你们姐弟俩上法庭打官司，打官司的结果我现在就能告诉你，最终判定是各分百分之五十。你回去好好跟你媳妇说，也让她出去访一访问一问，看我说的话对不对。再说，打起官司来，还要承担一部分诉讼费，那是图个甚？留下那点钱还能给娃娃们吃上几顿好的了。”

小张说完这些，弟弟站起来拉住姐姐的手说：“姐，我也有儿子，还是两个。多了，我也没有，但你要的那些我愿意给你，你也容我个三两天，我好回去跟她说。”

从那以后，那位大姐再也没来过来过法官工作站。10 月 17 日，张俊玲和杨志茹两位法官去做回访。大姐说："太谢谢你们了,都解决了,我无房无户,按照政策分不到房子,但我兄弟给我分了 100000 块钱,前两天,他还陪我去看好了一处楼房,首付是 90000 多块,我们都挺满意,这两天我弟弟打来电话说要跟我一起去交首付呢!"

母亲怎么会和儿子争呢

2014 年 11 月 25 日,留宝窑子村的赵长顺一家人同张珍在村里临时搭建的法官工作站见面了,法官吴燕、梁子明、杨志茹坐在他们的正前方。

赵长顺左右环顾着这个熟悉的地方,爱惜地抚摸着小孙子的头。十六年来,在孙子的记忆里母爱是一块缺失的七巧板,今天的当庭对面,将会让这块七巧板变得支离破碎,它会像刀尖一样深深地扎进孩子的心里。赵长顺想,既然私下与儿媳无法沟通,只好由法官来评判,他相信法律的公正,相信法官。

"调解工作现在开始。"法官梁子明看了看当事人严肃地说。

赵长顺开始叙述:"1994 年,我在留宝窑子村自建了 100 多平方米的房子,1997 年儿子娶了本村的张珍。1999 年,村里面开始办房本,我们属于外来户,当时为了节省费用,就让儿媳张珍拿着准建证在她个人的名下办了房本,但准建证和房本收据上写的是我的名字。"

赵长顺话音刚落,张珍便接起话来说:"1997 年,我和赵长顺的儿子结婚后就住在北房,2001 年我们离婚,赵长顺从未因房子的产权证是我的而进行分配,迫使我不得不搬回母亲家,在村子里,这种事情最丢人了。而赵长顺也搬回了达茂旗住,留宝窑子村的房子以他的名义出租,租金付孩子的生活费,对此,我没意见。现在,要拆房了,我是房本的主人,难道没有享有权吗?我认为我不仅有享有权,而且还有对房屋的所属权和支配权。"

赵长顺听着听着"呼"地站起来对法官说:"我们以前生活在达茂,不是本村人，张珍是留宝窑子村民，她当时办房本能享受到村里的优惠政策，我当时想房本上写谁的名不重要，重要的是一家人住在一起，积攒下的家业都是留给孙子的。谁曾想，他们会离婚，她狠心走了，把不到三岁的儿子撇下不管。十六年了，你张珍作为母亲给孩子花过一分钱吗？"赵长顺看了看始终两眼发呆的孙子，心想，为了孙子将来的生活，他一定要把这份房产争回来。于是，他很坚定地说："这房子是我花钱建的，办房本的钱也是我给张珍的，孙子是我从小抚养到现在，房子的产权就是我孙子的，我坚决不同意给张珍。"

赵长顺的儿子赵会海此时也闷声闷气地对张珍说了一句话："你把房子的产权办到自己名下，不就是想好了离婚时分点儿家产吗？"

张珍愤站起来指着赵会海：　"你咋能说出这样的话？我白跟你过了几年了！"

梁子明看到双方都争执起来，立即示意停止争吵。

昨天梁子明他们找到张珍，给她讲了《婚姻法》《物权法》等相关法律规定，还谈到了母子间的感情。他们希望张珍放弃房产，把它留给儿子，这从法律上讲，既合法又合情理。

张珍离婚后在外地重新组建了新的家庭，也有了孩子。十六年来，对于之前的儿子，张珍没有尽到一个母亲的责任。如今，她得知北梁征拆的优惠政策后，专程从外地赶回来，想要争回她的权益。她的理由很简单，把房产给儿子，她没有意见，但是什么时间给，分成几次给，必须由她来支配。对此，赵长顺又怎么能答应呢？

吴燕、梁子明、杨志茹三个法官用了半天的时间，从一点一滴的道德伦理和法理上做张珍的工作，最终使她有所反省。她表示在第二天的调解中，同意把房产权继承给儿子。可谁知在调解现场张珍又反悔了，这让三个法官感觉到一丝寒心。

梁子明问张珍："你确定了要这份房产吗？"

"不是我要，我是在为儿子要，他爷爷不相信我，我还不相信他们呢。虽然产权过户给儿子，但他爷爷若想重新过户，小孩子懂得维护自己的权利吗？如果今天你们不能秉公执法，我就要继续上诉。"

"你别说那么多了，你就说愿不愿意把房子过户到我的名下？！"一直沉默不语的儿子锋利如刀地质问直指他面前的妈妈。

儿子记得，就在几天前张珍出现在他的面前，告诉他"我是你妈妈"时他很紧张也很激动。多少年来，他多么羡慕身边的同学有妈妈陪伴啊，即便是看到别人的妈妈训斥孩子，他都觉得有些羡慕。日思夜想，思念远远胜过了怨恨。他还记得，张珍把他拥抱在怀里，带他下馆子，给他买好吃的，母爱的突然到来，让他有了恍惚不定的幸福。他还记得爷爷说母亲的出现是为了房子的事情，他觉得这不应该是个事儿，母亲怎么会跟儿子争抢呢？

儿子的质问让调解现场顿时鸦雀无声，张珍说不出话来，就连同她一起来的亲戚朋友也不知所措。

吴燕看到了此时的时机，她对张珍说："我已经把相关法律条款告知了你。如果你一定要上诉，我现在就可以明确告诉你，你会败诉的，因为赵长顺手里的证据很充分，这处房子是在你们结婚之前就置办好的，他有权将房子过户到孙子的名下。"

现场出现了暂时的平静，张珍心里有些慌乱，她不敢直视儿子的眼睛，也不敢看赵长顺的表情，只是低着头。

吴燕既是一个优秀的法官，也是二级心理师，她知道，此时应该给双方一个考虑的时间，刚才她掷地有声的话，会让张珍一家人考虑是否放弃同儿子争夺房产的念头。

直到后来，张珍说：她来北梁见前公公、前夫目的是为了儿子，是想把这套房子划到儿子名下。他知道她一直对不住这个孩子了，想通过这次拆迁机会帮助一下孩子，可是方式错了，方法错了，对前公公、丈夫的理解也错了，自己的出尔反尔给法官也增加了不少麻烦，真是太不应该了。

张珍很是动情地说："是法律帮助了孩子，法官帮助了孩子啊！"

第八章

北梁棚改：从模式到样板

2014年8月21日一大早，在新落成的北梁新区北一区服务中心会议室里，几个年轻人在布置会场。他们把一瓶瓶矿泉水，一盘盘水果摆放在桌子上，有人在悄声议论着：今天来的是什么领导啊？又是水果矿泉水，还要准备纸巾。

这是东河区专门召开的北梁入住新区居民的征求意见会，他们还特意邀请了物业公司的负责人也来听听。

会议一开始，入住北梁新区北六社区56岁的刘华平第一个发言，他激动地说："我搬到安置新区有三个月了，夜里常常睡不着，因为甚，高兴啊！对政府的安置我一点儿意见也没有，今天领导非要叫我提意见，我就提一条。我是回民，在我住的小区也住在一些回族同胞，唯一感觉不太方便的是，买点儿清真食品得坐车出去。能不能为我们在小区附近开一家清真食品店？"

刘华平发言后，大家就打开了话匣子，住北五区的张继红说："新区住得很满意，但现在就怕下雨，一下雨水排出不去，影响人们出行，不知道什么时候能解决排水问题？"

"孩子上学太远，冬天起床又太早，有什么办法解决一下？"

"我们想出门就要坐38路公交，但公交车实在太少了，每次想挤上去都很费劲，能不能增加几个车次？"

"小区里还没通直饮水，老年人下楼打水不太方便。"

"残疾人交纳医保，能享受优惠吗？个别居民在楼房顶上吃烧烤、锻炼身体，不仅影响别人休息，再说也不安全嘛！"

"小区车棚太小，有些住户的自行车电动车没地方放，放在楼道里，楼道过人拥挤不说，还容易丢。"

……

座谈会开得轻松、热烈，居民们畅所欲言，反映的问题事事关系切身利益，如道路泥泞、出行和上学不方便、底店油烟扰民、困难群众的社保及医保，等等。

虽说是来"提意见"的，但会场里从始至终洋溢着轻松、愉快、激动的情绪，甚至还有泪水。居民们的真话实话和领导们耐心细致的答复，面对面，也心贴着心。

62 岁的北七区居民史丽霞难掩内心的激动，站起来唱起了自编自创的歌曲《北梁新区谱新篇》："各级政府办实事，党和人民心连心，北梁人有了幸福家，安居乐业谢党恩。"唱罢，老人动情地说："我们过得真的是好，我们的领导和干部们，你们辛苦了！"

新安置区居民意见征求会，既是切实解决联系群众"最后一公里"问题的有效途径，也是对棚改工作效果的一次实际检验。一切为了人民群众的"北梁模式"就是扎扎实实地帮助搬迁户做好搬迁工作，也要扎扎实实地安排好他们的生活生存问题。

2014 年 12 月 9 日，包头市北梁棚改总结表彰大会召开。

市委主要领导在会上说：北梁棚户区是包头乃至自治区面积最大的集中连片棚户区，是城市二元结构矛盾突出的典型代表。市委、市政府作出了举全市领导之力、政策之力、资金之力、法律保障之力和全社会之力推进棚改工作。在棚改"三大战役"中，各级棚改干部身先士卒、亲力亲为，夜以继日、扎实苦干，社区党员和居民代表积极行动、主动作为，各地区、各部门、社会各界全力支持、真情相助，同心同德，戮力攻坚，圆满完成了北梁地区10.9万人、430万平方米的房屋征拆任务，取得了征拆工作的全面胜利，取得了棚改全部工作的决定性成果。北梁棚改，探索出了新形势下密切党群干群关系、做好群众工作的有效方法，走出了一条新时期推进城市棚改工作的新路子。棚改工作经验值得我们深入挖掘、认真总结，不断完善丰富、大力推广。

包头北梁棚改究竟探索出什么样的群众工作的有效办法？走出一条怎样的新路子？我们要深入挖掘，认真总结经验是什么。

——北梁棚改"四年规划，三年完成"，实际上只用了十八个月就完成了全部的征拆工作，创造了棚改的"北梁速度"。

——北梁棚改在一年半时间里，边征拆边探索，用生动的实践总结出了"北梁模式"，即"政府主导，市场运作，金融支持，滚动发展"这十六个字，这应该是目前国内棚改工作一个比较可行的路子。今天的棚改，我们还能走那种以开发商投资开发为主的老路子吗？现今的中国，已经不是地方政府必须依靠以棚改拉动经济的时代了。面对现实的中国，政府如果不主动率先介入棚改，以此来改善普通老百姓的生活现状，化解社会底层矛盾，那恐怕就是我们政府的失职。还想依靠房地产开发商来带动经济？那个时代恐怕早已成为了过去。这其实是一个很大的问题，需要我们认真研究讨论。

本书中出现了一种所谓的棚改"北梁精神"。这"北梁精神"到底是什么？

有人说是"攻坚克难、勇于担当、清正廉洁、真情为民"这十六个字。

我们来看此种说法是否妥当——北梁5.66万户群众由"忧居"变"宜居"，政府千方百计融资借资200亿元；为了让北梁10.9万人实现"宜居梦"，政府划拨4.78平方公里土地，建设新家园，实现了2015年搬迁户入住的工作目标；为了让搬迁户"住得稳""住得好"，政府积极解决社会保障和就业问题，使其业有所就、老有所养、病有所医；为了让搬迁及时顺利，政府派出 2000 多名干部，走进千家万户做工作，当好群众的"跑腿的"。

应该说"北梁模式"，是北梁 12.6 万搬迁户和 2000 多名征拆干部共同创造出来的。

每一个历史时期，北梁人都随时代而站在了潮头。每到历史的重要节点上，北梁的气脉都闪烁出特有的人性光辉！他们从自己生活的家园，走向精神的家园。文化在这里一天天沉淀积垒，文明在这里一步步成熟升华。北梁文化滋养着北梁人俭朴善良的性格，也塑造了北梁人正义勇敢的形象。

"北梁模式"是北梁人的自豪，是包头人的骄傲。"北梁"是时代的，也是历史的；是昨天的，更是今天的。

"北梁模式"体现出的时代精神就是："天——地——人——心！"

棚户区改造事关亿万住房困难群众的安居梦，是推进新型城镇化建设的主要抓手。党中央、国务院对此高度重视，李克强总理多次作出重要指示、批示，数次亲临现场部署推动棚改工作。总理两次上包头北梁，推进北梁棚改。包头北梁棚改抓住最佳时机，采取了最佳方案，因此一举成功。

包头市创新机制推动北梁棚户区改造，统筹政府、社会、市场等多方资源，以更和谐温暖的方式推进征拆，以更优化的方案平衡资金，以更贴心的帮扶促进就业，努力把棚改工程办成发展工程、民生工程、暖心工程。棚改工程妥善安置居民 12.6 万人，盘活土地约 1 万亩，初步估算拉动包头市 GDP 增长约 0.7 个百分点，取得了惠民生、扩就业、稳增长的一举多得的效果，打造了棚户区改造的"北梁样板"。

在北梁改造中，征拆是一块难啃的"硬骨头"。北梁棚户区不仅面积大，人员密集，民族构成复杂，而且还是一个多教并存的地方，一不小心就可能踩到红线上，不仅会延误征拆工作，还可能引发民族、宗教矛盾。怎么办？

包头市委、市政府实事求是，因地制宜，以"公心"换"民心"，以周全耐心的服务赢得群众的信任和支持。他们首先问需于民，制定补偿方案，在房屋产权补偿上让群众满意。让群众满意，还要有组织保障，责任到人，使群众放心。我们采用市级领导包街道（镇）、县级领导包社区（村）、机关干部包住户的"三级包联"工作机制，层层分解任务，切实做到"户户有人盯，事事有人帮"。工作人员入户开展政策宣传、调查摸底、房屋测量、协议签订、选房搬家"一站式服务"，把搬迁户送进新家。建立就业、社保、纪检、政法等"十方联办"机制，现场解决问题。这一切还必须全面公开，在阳光下操作。在北梁棚改网站上，政府制定的政策、措施、补偿、安置等信息全部上网，让群众看得明白，了解得清楚。政府还设立了棚改征收安置工作大厅和工作站，所有征拆户的房屋面积、补偿标准、安置方式、选择次序等全部张榜公布。这些过程不仅要接受社会舆论监督，还主动邀请主流媒体进行跟踪报道。阳光下的操作，以人为本的征拆，实现了"和谐棚改"，在整个征拆过程中没有出现一起群体性事件和安全事故，没有发生一起重大治安案件，社会秩序始终井然有序，这在各地棚改中是十分罕见的。

资金制约是推进棚户区改造项目的"拦路虎"，保障项目建设资金更是棚改的头等大事。北梁棚改项目总投资需 234 亿元，这么一大笔资金从哪里来？包头的作法是充分利用国家、自治区出台的各项支持政策，积极申请国家和自治区财政的支持；努力吸引开发性、政策性金融的积极参与；争取国家开发银行将其列为棚户区改造贷款试点城市，对北梁棚户区改造项目予以综合打包贷款支持；同时得到农业发展银行提供的土地收储贷款。国家发展银行、农业发展银行，两家银行共发放贷款 191 亿元。这是一笔主要的支撑北梁棚改的资金来源。资金的第三个来源是利用好棚改腾空土地回笼资金，确保预期收益能够覆盖前期项目支出。北梁棚户区征拆后可出让土地约 1 万亩，按每亩 200 万元计算，可回笼金额 200 亿元以上。加上改造安置房建设形成的底店、车库等经营性资产 30 亿元，以及由此带来的税收等收入，不但没有增加财政负担，还能实现资金总体平衡，做到了"平衡棚改"。

北梁棚户区改造，通过异地安置、统筹规划、综合开发等方式，全面盘活土地资源，带动相关投资建设。这样既拓宽了发展空间，又提升了土地价值，也增强了当地经济社会发展的动力和活力。

拆旧建新，拓展土地利用空间。通过旧区征拆，腾空土地1.5万亩，扣除道路、绿化景观、医院、学校等市政公共服务设施用地以及被征拆居民安置用地0.5万亩，仍净增可利用土地1万亩。这腾空的1万亩土地区位优势明显，可灵活用于居住、商贸、工业等多种用途，为相关产业的发展提供重要支撑。

通过新城建设，加大区内道路管网、学校、医院等公共服务设施和相关配套设施建设，促进人流、物流、资金流、信息流的汇聚，土地增值潜力显著提升，将过去的老旧北梁建设成为包头市发展的又一新兴区域。

包头市确定了"一城、一环、二心、二带、四片"的总体布局。"一城"为中心区2.2平方公里的包头老城；"一环"为沿外环路的环状公共服务设施带；"二心"为东部、西部两个公共服务中心；"二带"为两个商业服务带；"四片"为四个居住片区，建成后可承载20万人口。如此科学设定的各类建设用地容积率使北梁腾空区容积率较改造前提高一倍以上，提升了土地利用的强度，促进了土地的集约利用。

优化环境，增加土地的自身价值。"七通一平"改造，增加了地下综合管廊建设、城市绿地、休闲广场等公共服务设施的用地比重，提高了土地附加值，增强招商引资吸引力。同时，加大古寺庙的修缮和历史遗迹的保护力度，打造包头老字号、清真食品、民族商业广场等地方特色街区，让包头文化的根脉、包头文化的魂魄再现北梁，让老包头昔日的繁华重返北梁。经初步测算，老北梁改造后，新兴的北梁可直接带动全市固定资产投资200亿元左右，消费30亿元左右，税收2亿元以上。盘活土地，集约发展，打造出一个"增效棚改"。

我们知道，北梁上低保户多，失业人员多，还有不少伤残人员，换句话说，北梁是个贫困群众集中的地方。今天在政府的帮助下，他们得到了"安居"。政府完成了让北梁群众由"忧居"到"安居"这一目标。可是政府的工作没有停止，还在继续，要让"安居"的群众实现"乐业"。只有"乐业"了，才是真正地实现了"安居"。"乐业"就要为群众创造就业机会，保障生活来源。要实现这些群众的再就业，不仅要通过市场解决，还要由政府直接提供就业援助。包头市推行"两委一站"（社区党委、社区居委会、社区服务站）工作模式，为棚户区居民提供信息发布、就业培训、劳动保障等十余项"菜单式"服务。2015 年，社区组织技能培训和创业培训 2200 人次，帮助6500 多位就业困难人员实现了再就业。同时分类施策支持创业，为居民创业提供金融服务，对自行创业人员给予资金补贴。棚改腾空区为北梁的产业发展提供了空间，也为北梁居民就业创业提供了土壤。

包头市发挥资源优势，实施铝电一体化及延伸项目，打造国家铝产业基地和国家级城市矿山示范基地，吸纳更多北梁居民就业。加快建设综合立体交通枢纽和大型商业综合体，促进一批包头"老字号"换发生机。积极发展现代农牧业，打造沿路蔬菜、沿山林果、沿河渔业产业带。引导棚改居民参与发展休闲观光农牧业，带动增收致富，做强产业，扶持就业，推动"宜业棚改"。以人为本、公平征拆的"和谐棚改"，多方开源、筹措资金的"平衡棚改"，盘活土地、集约发展的"增效棚改"，做强产业、扶持就业的"宜业棚改"，是包头市北梁棚户区改造的具体实践，取得了惠民生、扩就业、稳增长的一举多得的效果，打造了棚户区改造的"北梁样板"，为全国城市棚改进行了现实而有效的积极探索。

2015 年 10 月，在全国棚户区改造电视电话会议上，国务院总理李克强再次部署进一步强化城镇棚户区和城乡危房改造及配套基础设施建设等有关工作，并制定了改造工作的"三年行动计划"：2015 年—2017 年，改造包括城市危房、城中村在内的各类棚户区 1800 万套，农村危房 1060 万户，同步规划和建设公共交通、水气热、通信等配套设施。

2016 年 5 月 22 日，国家住房城乡建设部主要领导再次来到北梁棚改腾空区建设现场，实地了解查看腾空区市政基础设施建设、重点项目建设和北梁腾空区公园、广场建设情况，要求下一步工作要牢固树立创新、协调、绿色、开放、共享五大发展理念，在前期良好工作的基础上，进一步做好北梁腾空区规划、建设各项工作。因地制宜、科学规划北梁腾空区，提高规划的前瞻性、严肃性、强制性和公开性。加快地下综合管廊建设步伐，大力推进城市基础设施建设。要配套做好腾空区内医院、学校、商业等公共服务设施，满足群众医疗、教育、日常生活需求。要实施一批重大产业项目，带动当地群众就业创业，努力把北梁腾空区打造成为宜居宜业的重要区域。一个新兴的充满希望的北梁将出现在大青山下，一个城市功能齐全的现代化北梁将展现在黄河岸边。

包头市把北梁棚改作为"百姓安居工程"的头号工程，合力攻坚，扎实推进，进一步创新机制，用棚改工作助推整个城市的改造建设迈上新台阶。棚改整理出来的土地优先用于山体、河流、湖泊等生态修复和城市形态轮廓、建筑色彩、绿色景观、夜景亮化等配套设施，完善城市功能，提升城市品位。

北梁棚改，为包头这座城市的不断发展注入了新鲜活力，提振了包头人攻坚克难的信心雄心！可以说，北梁棚改，从物质到精神，包头，都有了巨大的收获！

尾 声

2014 年 6 月 20 日下午，内蒙古著名笑星武利平带着他创作的二人台《北梁》来到三官庙社区，准备为老拆迁户们演出。

时间还早，三官庙二道巷演出场地已经来了不少人。"老哥，一年多不见了，您还硬朗啊。""老四，搬进楼房，一年就把你住白了，还胖了呢。"这是三官庙社区一对老邻居的对话。

"老姐姐，慢点儿跑，急甚了，离开演还早呢。"

"我急甚，还不是想早点儿过来，眊眊你们这些老姊妹们吗?"

"你是眊俄们（方言，我们）呢? 还是眊人家武利平，那武利平学老太太走路一圪扭一圪扭的，人家都说像你呢。"

下午四点，刚刚下过一场小雨，湿润的空气弥漫在梁上。演出现场没有炫丽的舞台设计，只有古朴的民居作为背景。四点多，在武利平的一段开场白后，演出正式开始。一个多小时的演出中，戏里再现了北梁拆迁前人们生活的不便、拆迁中搬与不搬的反复纠结、搬迁后住进新居的生活情景，引起了观众的共鸣，笑声、掌声此起彼伏。"挺真实的，现在回过头来看昨天，感慨很多啊!"原来三官庙社区居民马维山老人不由得感叹这一年来发生在自己身上的变化。虽然已住进新居，但演出还是唤起了他对故土和往日生活的回忆与留恋。人群中,大家看到了高俊平、侯景萍夫妇的身影。高俊平已经是个"名人"了。北梁人都知道,去年小年,李克强总理来他们家看望,今年春节总理又给他来信的事儿。大家都热情地和高俊平打招呼,他都笑脸相迎:"老高,看戏来了?""俊平啊,咋没把你家光屁股孙子领过来啊?"

武利平的这场由五幕剧组成的《北梁》,始终贯穿着"情"这条主线,乡情、亲情、爱情,体现着北梁的人情气脉。武利平作为《北梁》的编剧、导演,先后多次来北梁深入生活,他说:"我的二姨就一直生活在北梁,北梁棚改是一项伟大的民生工程,作为本乡本土的文艺工作者,我们能做的就是通过二人台艺术,让更多的人了解北梁棚改和北梁人。"

去年,武利平就为北梁观众演出过小品《为了谁》,觉得不过瘾,又再次深入北梁体验生活,准备创作一部大戏,把北梁的故事搬上舞台。武利平看到北梁居民当时的居住环境时,真的落泪了。偌大的一个院子里,挤满了各式各样的小房子,每一间小屋就是一个家庭。没有下水道,没有厕所,一大家子人挤在一个炕上睡觉。但就是在这样的环境中,北梁人的脸上依然洋溢着淳朴的笑容,这一切都激发了艺术家用二人台艺术呈现北梁生活的想法。

北梁百姓在自己曾经的家门前看自己曾经的生活,回忆往昔的岁月,回想昨日的邻里乡情,他们觉得戏里的故事就是他们的故事,戏里的人就是他们自己。演出结束了,我们在人群里再次见到早早来到现场的那两个老哥俩和那两位老姊妹。老哥俩相互递烟、点烟,说笑着走下梁。老姊妹手拉手,一路说不尽的知心话。夕阳洒在他们身上,他们把影子留在梁上,把故事也留在了梁上……

北梁人沧桑生活的三百年,他们在这片土地上开荒种地、吆喝叫卖、旅蒙商悠悠的驼铃已成为遥远的记忆。今天,北梁拆迁改造,让北梁人开始了新的生活。北梁人今天的梦,也是未来中国大地上居住在棚户区人们的梦。

在 2015 年 6 月 17 日的国务院常务会议上,李克强总理说,推进棚户区改造及其配套基础设施建设，事关千百万住房困难家庭生活改善，是惠民生、稳增长相互促进的重大举措。总理还说，棚户区改造既要算投入产出的"经济账"，也要算社会公平的"政治账"。"中国还有1亿多人生活在棚户区，如果棚户区问题不解决，我们何谈社会公平？"

我们没有忘记，2004年，时任中共辽宁省委书记的李克强说：就是砸锅卖铁也要让你们住上楼房。

我们还记得，2013年，时任国务院副总理的李克强说：政府的手，市场的手，老百姓的手，我们握在一起，改造好棚户区，归根结底就要让老百姓的日子过得好起来。

2015年，李克强总理在瑞士达沃斯世界经济论坛上郑重宣布：中国政府要改变一亿人口的居住规划，实现全体人民住有所居。

这是中国总理对全世界的庄严承诺。

中国棚户区改造引起世人的瞩目，他们称赞发生在中国的大规模棚户区改造实践是人类居住史上灿烂的篇章。世界银行专家安娜表示，中国的棚户区改造实践体现了"对贫困人群住房、收入和利益的保障"；联合国人居署专家欧拉让·班吉对此大加称赞，称中国探索的棚户区改造工作是一个世界奇迹，中国棚户区改造中的"政府主导，市场运作"模式对世界各国都具有借鉴价值。

今天，中国经过三十多年的改革开放，各项事业蓬勃发展，国家建设日新月异，经济建设突飞猛进，经济排名进入世界第二。可是，我们也要明白，我们的人均GDP在世界上的排名还在90名之后，我们依然是发展中国家，国家建设任务还很繁重，提高人民生活水平任重道远，改善群众的居住环境还要走很长一段路。正如习近平总书记讲的那样：保障和改善民生是一项长期工作，没有终点站，只有连续不断的新起点。

让中国一亿人民改善居住环境，这是史无前例的伟大工程，这个工程只有以"人民利益为最高利益"的中国共产党人才会勇敢地担当。

让中国一亿人民"出棚进楼",这是世界各国没有、也不可能有的浩大工程,这个工程只有"一切为了人民"的政府才可能实现。

"安得广厦千万间,大庇天下寒士俱欢颜"是唐代诗人杜甫的名句,诗人忧国忧民的情感和济世悲悯的情怀,千百年来一直激动着人心,却从来没有发生过任何实际作用,更不要说实现了。而在今天,在中国辽宁的莫地沟实现了,在内蒙古包头的北梁上实现了。

那么明天呢?我们在哪里进行棚户区改造,又在哪里看到喜迁新居的群众呢?

我们来告诉大家:凡是有棚户区的地区,政府都要拆迁改造;凡是五星红旗飘扬的地方,人民群众都将拥有"广厦千万间"!

让世界四分之一的人民"俱欢颜",这是人类历史上从来没有过的伟大壮举啊!